建设社会主义新农村图示书系

轻轻松松
学养肉鸡

曹顶国　主编

中国农业出版社

编写人员

主　编　曹顶国

副主编　李桂明　李淑青

编　者（以姓氏笔画为序）

杨英阁　李桂明　李淑芹

李淑青　李福伟　周　艳

曹顶国　韩海霞　雷秋霞

前　言

中国肉鸡业经过二十多年的发展，以高效率、低成本的优势，迅速发展成为中国农牧业领域中产业化程度最高的行业。鸡肉产量由 1984 年的 135.8 万吨增长到 2009 年的 1 216 万吨，增长了 7.95 倍。全年人均鸡肉消费量也由 1.03 千克发展到约 9.1 千克，增长了 7.35 倍，鸡肉消费占整个肉类消费的 15%，已成为仅次于猪肉的中国第二大肉类消费品，鸡肉是最廉价肉类产品，对城乡居民膳食结构的改善和生活水平的提高发挥着不可替代的作用。

我国肉鸡产业在取得举世瞩目的成就的同时，也存在着不容忽视的问题：一是重要传染病的防控形势依然严峻，新城疫、禽流感等疫病仍是肉鸡生产的主要威胁；二是规模化、工厂化肉鸡养殖过程忽视了对粪便、污水、病死鸡等的无害化处理，造成了环境污染和生态环境恶化；三是肉鸡产品药物残留超标等食品安全问题时有发生，甚至在某些地区还相当普遍；四是鸡肉加工滞后，特别是优质肉鸡仍以活鸡上市，缺乏产品加工龙头企业，加工方式、技术工艺设备落后，产品附加值低，保鲜期、货架期短；五是小规模饲养场（户）依然是我国肉鸡生产的重要组成部分，由于环境条件相对较差、专业知识欠缺等原因，在饲养管理中存在许多不规范的技术问题。

针对我国肉鸡生产存在的实际问题，我们组织编写了《轻轻松松学养肉鸡》一书。本书从肉鸡的品种、饲料营养及饲料配制技术、商品肉鸡的健康养殖技术、肉种鸡的饲养管理、鸡场建设设计与环境控制、鸡场生物安全控制、废弃物的无害化处理技术等方面介绍肉鸡生产的关键技术，期望对我国肉鸡生产技术人员有所帮助。作者查阅了国内外有关肉鸡生产的专著和文献资料，吸收最新的实用生产技术，结合作者多年的科研、推广工作经验，以表格、图片等形式多样的表达方式，生动讲述肉鸡生产的各个技术环节，专业术语用浅显易懂的语言作了注解，力争让初学者一目了然。

在本书的编写过程中，参考了大量的文献资料，谨在此向其编著者表示诚挚的感谢。

由于编者的知识、能力和水平有限，时间仓促，错误与疏忽在所难免，希望广大读者给予批评指正。

编　者

2010 年 9 月

目 录

一、肉鸡的品种

目标
- 了解我国丰富的品种资源
- 熟悉我国目前肉鸡生产中的主要引进品种
- 熟悉我国近年来培育的优质肉鸡新品种（配套系）

目前我国饲养的肉鸡品种分为三大类别，分别是快大型肉鸡、优质肉鸡和“817”小型肉鸡。

(1) 快大型肉鸡　主要是指从国外引进的肉鸡品种，如白羽系的爱拔益加（AA）、艾维茵、罗斯308等，红羽系的安卡等。该类肉鸡具有生长速度快、饲料报酬高的特点，但肌纤维粗，肉质风味差。

(2) 优质肉鸡　我国幅员辽阔，不同地区的消费者对鸡的外貌特征（羽色，胫部颜色、粗细，皮肤颜色）、体型大小等方面有不同的要求，而且不同地区经济发展、人文环境、烹饪方法及口味差异也很大，对优质肉鸡的理解有所差异，因此很难给优质肉鸡下一个确切的定义。一般认为优质肉鸡是指饲养期较长、肉质鲜美、体形外貌符合消费者的喜好及消费习惯、销售价格较高的地方鸡种或杂交改良鸡种。按照生长速度，优质肉鸡可以分为三种类型，即快速型、中速型（仿土鸡）和慢速型（优质型，柴鸡）。快速型优质肉鸡50~55日龄上市，活重1 500~1 700克，中速型优质肉鸡公鸡一般70日龄上市，母鸡80~90日龄上市，活重一般在1 500克左右。

中速型含外来鸡种血缘较少，体形外貌类似地方鸡种，因此也称为仿土鸡。慢速型是以地方品种或以地方品种为主要血缘的鸡种，生产速度较慢，但肉质优良。公鸡80~90日龄出栏，母鸡100~120日龄出栏，活重1 200~1 400克。

(3)“817”小型肉鸡　“817”小型肉鸡是山东省农业科学院家禽研究所培育的，用快大型肉鸡父母代公鸡和商品代褐壳蛋鸡杂交而生产的小型肉鸡，该杂交配套模式是1988年8月17日确定的，于是命名为“817”小型肉鸡，又称为“肉杂鸡”。其主产区集中在山东、河北、河南、安徽、江苏等省，近年来湖北等省发展也很迅速，已成为我国肉鸡产业中一个独特的类型。

1.地方品种

我国幅员广阔，地形复杂，气候条件迥异，各地自然条件及经济文化的差异显著，人们对家禽的选择和利用目的也不一样，形成了许多具有地方特色的鸡种。2003年上海科学技术出版社出版的《中国禽类遗传资源》(陈国宏等主编) 介绍我国地方品种108个，2006年编撰出版的《中国畜禽遗传资源状况》记载的中国畜禽遗传资源名录包括81个地方品种，分布于26个省、市、自治区（表1–1)。

表1-1　我国主要地方鸡品种的分布

原产地	品　种
四　川	彭县黄鸡、峨眉黑鸡、金阳丝毛鸡、旧院黑鸡、米易鸡、兴文乌骨鸡、石棉草科鸡、沐川乌骨黑鸡、泸宁鸡、凉山崖鹰鸡
浙　江	仙居鸡、萧山鸡、江山乌骨鸡、灵昆鸡、余干乌骨鸡、东乡绿壳蛋鸡、康乐鸡
云　南	武定鸡、茶花鸡、尼西鸡、盐津乌骨鸡、腾冲雪鸡、云龙矮脚鸡、西双版纳斗鸡
山　东	寿光鸡、济宁百日鸡、汶上芦花鸡、琅琊鸡、烟台糁糠鸡、鲁西斗鸡

（续）

原产地	品　种
广　东	惠阳胡须鸡、清远麻鸡、杏花鸡、中山沙栏鸡、阳山鸡、怀乡鸡
贵　州	竹乡鸡、威宁鸡、黔东南小香鸡、高脚鸡、矮脚鸡、乌蒙乌骨鸡
湖　北	洪山鸡、江汉鸡、双莲鸡、郧阳大鸡、郧阳白羽乌鸡
河　南	固始鸡、中原斗鸡、正阳三黄鸡、卢氏鸡
广　西	霞烟鸡、南丹瑶鸡、广西三黄鸡
江　苏	狼山鸡、鹿苑鸡、溧阳鸡
安　徽	淮南三黄鸡、淮北麻鸡、宣州鸡
江　西	白耳黄鸡、丝羽乌骨鸡、崇仁麻鸡
陕　西	略阳鸡、太白鸡、陕北鸡
福　建	河田鸡、漳州斗鸡
湖　南	桃源鸡、黄郎鸡（湘黄鸡）
北　京	北京油鸡
上　海	浦东鸡
内蒙古	边鸡
新　疆	吐鲁番斗鸡
西　藏	藏鸡
黑龙江	林甸鸡
辽　宁	大骨鸡
河　北	坝上长尾鸡
青　海	海东鸡
海　南	文昌鸡
甘　肃	静原鸡

在众多的地方品种中，按用途可分为蛋用型、肉用型、兼用型和观赏型四种类型。蛋用型如仙居鸡、白耳黄鸡、济宁百日鸡等。肉用型如溧阳鸡、武定鸡、桃源鸡等。兼用型如寿光鸡、狼山鸡、北京油鸡、固始鸡等。观赏型的代表是丝羽乌骨鸡。这里重点介绍几个现存数量较多、市场开发（前景）较好的几个肉用型或兼用型品种。

溧　阳　鸡

溧阳鸡是江苏省西南丘陵山区的著名鸡种，中心产区在溧阳县的西南丘陵山区，当地亦以“三黄鸡”称之。2006 年入选国家级畜禽遗传资源保护名录。

（1）体型外貌　溧阳鸡体型较大，体躯略呈方形，属肉用类型。羽毛以及喙和脚的颜色多呈黄色，但麻黄、麻栗色者亦甚多。雏鸡出壳毛色呈米黄色，部分常有条状黑色的绒羽带。公鸡单冠直立，冠齿一般为5个，齿刻深。耳叶、肉垂较大，均鲜红色。羽色为黄色或橘黄色，主翼羽有黑与半黄半黑之分，副翼羽黄色或半黑，主尾羽黑色，胸羽、梳羽、蓑羽金黄色或橘黄色，有的羽毛有黑镶边。母鸡单冠有直立与倒冠之分。全身羽毛紧贴体躯，翼羽紧贴，羽毛绝大部分呈草黄色，有少数呈黄麻色。

(2) 生产性能　成年体重公鸡3 850克，母鸡2 600克。公鸡半净膛率①为87.5%，全净膛率②为79.3%；母鸡半净膛率为85.4%，全净膛率为72.9%。据对147只母鸡统计，平均开产日龄为243±39天，500日龄产蛋量为145.4±25个。平均蛋重为57.2±4.9克，蛋壳褐色。

①半净膛率＝(半净膛重／活重)×100％。其中，半净膛重指的是屠体重去除气管、食道、嗉囊、肠、脾、胰、胆和生殖器官，保留心、肝、肾、腺胃、肌胃（去角质膜和内容物）、腹部板油、肌胃周围的脂肪和肺的重量。

②全净膛率＝(全净膛重／活重)×100％。其中，全净膛重指的是禽屠宰加工时，切开腹腔，将全部内脏(肺脏除外)取出，只留胴体。

图1-1　溧阳鸡

（注：品种图片摘自北京农业数字信息资源中心，家禽品种数据库，下同）

寿光鸡

寿光鸡原产于山东省寿光市稻田乡一带，以慈家村、伦家村饲养的鸡品质最好，所以又称慈伦鸡。属肉蛋兼用的优良地方鸡种。

(1) 体型外貌　寿光鸡有大型和中型两种，大型寿光鸡外貌雄伟，体躯高大，体型近似方形。成年鸡全身羽毛黑色，有的部位呈深黑色并闪绿色光泽。单冠，公鸡冠大而直立；母鸡冠形有大小之分，胫、趾灰黑色，皮肤白色。

(2) 生产性能　初生重为 42.4 克，大型成年体重公鸡为 3 609 克，母鸡为 3 305 克，中型公鸡为 2 875 克，母鸡为 2 335 克。公鸡半净膛率 82.5%，全净膛率 77.1%；母鸡半净膛率 85.4%，全净膛率为 80.7%。开产日龄大型鸡 240 天以上，中型鸡 145 天，产蛋量大型鸡年产蛋 117.5 个、中型鸡 122.5 个，大型鸡蛋重为 65~75 克，中型鸡为 60 克。壳色褐色。

图 1–2　寿光鸡

浦东鸡

浦东鸡俗称九斤黄，原产于上海市黄浦江以东的广大地区，故名浦东鸡。浦东鸡是我国较大型的黄羽鸡种，肉质肥嫩、鲜美，香味甚浓，当地宴席上常作白斩鸡或整只炖煮。

(1) 体型外貌　浦东鸡体型较大，呈三角形，偏重产肉。鸡的外形高大、胸背宽阔、壮健、羽毛丰满、耳叶及脸呈红色；皮肤呈黄色，胫、趾为黄色或带褐色。有胫羽和趾羽。公鸡呈金黄色或红棕色，深色的胸部有黑羽，尾羽带黑纹，闪闪发光，色彩鲜艳，母鸡羽毛多为黄色或麻栗色或褐色的，体态丰硕。

(2) 生产性能　浦东鸡是我国较大型的黄羽鸡种，肉质也较优良，但生长速度较慢，成年体重公鸡 3 550 克，母鸡 2 840 克。360 日龄半净膛率公鸡 85.1%，母鸡 84.8%；全净膛率公鸡 80.1%，母鸡 77.3%。公鸡阉割后饲养 10 个月，体重可达 5 000~7 000 克。母鸡年产蛋量 100~130 个，蛋重 58 克。蛋壳褐色，壳质细致，结构良好。

图 1-3　浦东鸡

萧山鸡

萧山鸡又名“越鸡”、“沙地大种鸡”，原产地是浙江省萧山县，是我国优良的肉蛋兼用型品种，素以体型健硕，肉质鲜美而闻名，具备早期生长较快，早熟，易肥，屠宰率高等特性，深受消费者青睐。

(1) 体型外貌　萧山鸡体型较大，外形近似方而浑圆。单冠，直立，冠、耳叶、肉垂呈红色。雏鸡绒羽浅黄色。公鸡体格健壮，羽毛紧密，头昂尾翘。喙稍弯，端部红黄，基部褐色。全身羽毛为红、黄两种，颈、翼、背部羽色较深，尾羽多呈黑色。母鸡体态匀称，骨骼较细。全身羽毛黄色，有部分鸡为麻色。喙、胫呈黄色。

(2) 生产性能　萧山鸡早期生长速度较快，特别是 2

月龄后的阉割鸡更快。6 月龄的公鸡体重为成年鸡的 80.52%，母鸡为 82.2%。皮肤为黄色，皮下脂肪较多，肉质优良，肉味佳美。150 日龄公鸡半净膛率 84.7%，全净膛率 76.5%；母鸡半净膛率 85.6%，全净膛率 66.0%。开产日龄一般为 163.6 ~ 185.4 天，开产体重 1 750 ~ 1 860 克，年产蛋 110 个左右，在改善饲养条件下可达 132.5 个。平均蛋重 56 克。

图 1–4　萧山鸡

桃　源　鸡

桃源鸡是湖南省的地方鸡种，它以体型高大而驰名，故又称桃源大种鸡。主产区在桃源县中部。

(1) 体形外貌　桃源鸡属肉用型品种。体型高大，体质结实，羽毛蓬松，体躯稍长，呈长方形。公鸡姿态雄伟，性勇猛好斗，头颈高昂，尾羽上翘，侧视呈 U 形。母鸡体稍高，性温驯，活泼好动，背较长而平直，后躯深圆，近似方形。单冠，冠齿有 7 ~ 8 个，公鸡冠直立，母鸡冠倒向一侧。耳叶、肉垂鲜红，较发达。公鸡体羽呈金黄色或红色，主翼羽和尾羽呈黑色，梳羽金黄色或间有黑斑。母鸡羽色有黄色和麻色两个类型，黄羽型的背羽呈黄色，颈羽呈麻黄色；麻羽型体羽麻色。黄、麻两型的主翼羽和尾羽均呈黑色，腹羽均呈黄色。喙、胫呈青灰色，皮肤白色。

(2) 生产性能　桃源鸡成年公鸡体重为 3 340 克，母鸡为 2 940 克。公鸡半净膛率 84.9%，母鸡 82.06%；公鸡全净膛率 75.90%，母鸡 73.66%。开产日龄平均为 195 天，产蛋量较低，500 日龄产蛋量 86.8 个，平均蛋重 53.39 克，蛋壳为浅褐色。

图 1–5　桃源鸡

狼　山　鸡

狼山鸡是我国著名优良肉、蛋兼用鸡品种。原产江苏如东、南通两县，以南通南部的狼山命名，原名“岔河大鸡”、“马塘黑鸡”。曾于 19 世纪后叶输往英国，后又分布到其他国家。当代著名鸡种黑奥品顿鸡和澳洲黑鸡都由它改良育成。对其他外国鸡种的形成也起了一定的作用。因此，狼山鸡对都世界养鸡业也有一定的贡献。

(1) 体型外貌　狼山鸡是蛋、肉兼用型鸡种之一。以产蛋多、蛋重大，体肥健壮、肉质鲜美而著称、按毛色分为黑白两种。黑色的称之为“狼山黑”，羽毛黑而发绿、发蓝，熠熠生辉，色彩绚丽。白色的叫“狼山白”，“狼山白”数量极少，其羽毛洁白无瑕，配以鲜红的鸡冠，红白分明，赏心悦目。狼山鸡头部短圆细致，群众称为蛇头大眼，单冠，冠齿 5~6 个。脸部、耳叶及肉垂均呈鲜红色。喙黑褐色，尖端稍淡。胫黑色，较细长。羽毛紧贴躯体，皮肤呈白色。成年黑色狼山鸡多呈纯黑，但刚出壳的雏鸡，额部、腹及翼尖等处均呈淡黄色，一直到中雏换羽后才全部变成黑色。

图 1-6　狼山鸡

(2) 生产性能　狼山鸡生长较快，个体较大，屠宰率较高。成年体重公鸡 2 600 ~ 3 100 克，母鸡 2 200 ~ 2 700 克，半净膛屠宰率达 80%以上，全净膛率达 70%以上。狼山鸡产肉性能较好，8 周龄体重可达 800 克，第 15 周龄可达 1 600 克，即可上市出售。母鸡年均产蛋 150 个，蛋重平均为 54 克。蛋壳中等厚，呈褐色和淡褐色。

北京油鸡

北京油鸡是北京地区特有的地方优良品种，距今已有 300 余年。北京油鸡是优良的肉蛋兼用型地方鸡种。具特殊的外貌即三羽(即凤头、毛腿和胡子嘴)，肉质细致，肉味鲜美，蛋质优良，生活力强和遗传性稳定等特性。

(1) 体型外貌　北京油鸡的体躯中等，羽色有两种。其中赤褐色(俗称紫红毛)的鸡，体型较小；羽毛呈黄色(俗称素黄毛)的鸡，体型略大。初生雏全身披着淡黄或土黄色绒羽，冠羽、胫羽、髯羽也很明显，体浑圆，十分惹人喜爱。成年鸡的羽毛厚密而蓬松。北京油鸡具有冠羽（凤头）和胫羽（毛腿），不少个体的颌下或颊部生有髯须（胡子嘴），因此，人们常将这“三羽”看做是北京油鸡的主要外貌特征。冠型为单冠，冠叶小而薄，在冠叶的前段常形成一个小的S状褶曲，冠齿不甚整齐。具有髯羽的个体，其肉垂很少或全无。头较小。冠、肉垂、脸、耳叶均呈红色。喙和胫呈黄色，喙的尖部微显褐痕。少数个体分生五趾。赤褐羽油鸡，羽色深褐，冠羽大而蓬松，常将眼的视线遮住。黄羽油鸡的羽色呈淡黄或土黄色。

图 1-7　北京油鸡

(2) 生产性能　北京油鸡的生长速度缓慢。其初生重为38.4克，4周龄重为220克，8周龄重为549.1克，12周龄重为959.7克，16周龄体重1 228.7克，20周龄的公鸡体重1 500克、母鸡体重1 200克。该鸡采食量也较少，从初生到8周龄，平均每只日采食量尚不足30克。

母鸡性成熟期较晚，在自然光照条件下，母鸡7月龄开产，开产体重为1 600克。母鸡年产蛋量约为125个。平均蛋重56克。每只母鸡的年产蛋总重量约为7 000克。蛋壳褐色，有些个体的蛋壳呈淡紫色，素有紫皮蛋之称，蛋壳的表面覆布一层淡的白色胶护膜（俗称“白霜”），色泽格外新鲜。

固 始 鸡

固始鸡是我国优良的地方鸡种，主产于河南省固始县，俗称“固始黄”。属蛋、肉兼用型，其因外观秀丽、肉嫩汤鲜、风味独特、营养丰富等而驰名海内外。

（1）突出性状　一是耐粗饲，抗病力强，适宜野外放牧散养；二是肉质细嫩，肉味鲜美，汤汁醇厚，营养丰富，具有较强的滋补功效；三是母鸡产蛋较多，蛋大，蛋清较稠，蛋黄色深，蛋壳厚，耐贮运。活鸡及鲜蛋在明清时期为宫廷贡品，20 世纪 50 年代开始出口港澳地区，六七十年代被指定为京、津、沪特供商品，赢得了“土鸡之王”和“王牌蛋”的美誉。

（2）体型外貌　固始鸡体型中等，体躯呈三角形，外观秀丽，体态匀称，羽毛丰满。母鸡毛色有黄、麻、黑等不同色，公鸡毛色多为深红色或黄红色，尾羽多为黑色，尾形有佛手尾、直尾两种，以佛手尾为主，尾羽卷曲飘摇、别致、美观。喙呈青色或青黄色，胫、趾都是青色，无脚毛。固始鸡有青脚和乌骨两个品系。

（3）生产性能　固始鸡初生重 32.8 克，4 周龄体重达 106 克，8 周龄体重 265.7 克，12 周龄体重 649 克，16 周龄体重 845 克，20 周龄体重公鸡 1 270 克、母鸡为 966 克。6 月龄半净膛率 80.16%，全净膛率 70.65%。固始鸡

图 1-8　固始鸡

性成熟较晚。开产日龄平均为205天，最早的个体为158天，开产时母鸡平均体重为1 299.7克。年平均产蛋量为141.2±0.35个，产蛋主要集中于3~6月份。平均蛋重为51.4克，蛋壳褐色。

清远麻鸡

清远麻鸡原产于广东省清远县（现清远市）。因母鸡背侧羽毛有细小黑色斑点，故称麻鸡。它以体型小、皮下和肌间脂肪发达、皮薄骨软而著名，为我国活鸡出口的小型肉用名产鸡之一。

（1）体型外貌　属肉用型品种，体形特征可概括为“一楔”、“二细”、“三麻身”。“一楔”指母鸡体形像楔形，前躯紧凑，后躯圆大，“二细”指头细、脚细；“三麻身”指母鸡背羽面主要有麻黄、麻棕、麻褐三种颜色。公鸡颈部长短适中，头颈、背部的羽金黄色，胸羽、腹羽、尾羽及主翼羽黑色，肩羽、蓑羽枣红色。母鸡颈长短适中，头部和颈前1/3的羽毛呈深黄色。背部羽毛分黄、棕、褐三色，有黑色斑点，形成麻黄、麻棕、麻褐三种。单冠直立。胫趾短细，呈黄色。

（2）生产性能　农家饲养以放牧为主，在天然食饵较丰富的条件下，其生长较快，120日龄体重公鸡为1 250克，母鸡为1 000克，但一般要到180日龄才能达

图1–9　清远麻鸡

到肉鸡上市的体重。在营养较合理的条件下，生长速度有所提高，公、母平均体重 35 日龄可达 309 克，84 日龄 951 克，105 日龄 1 157 克。羽毛生长速度个体间有差异，一般母鸡在 80 日龄时羽毛已丰满，公鸡则要延至 95 日龄以上。公鸡羽毛生长速度较母鸡慢 10 ~ 25 天。

2.引进品种

就目前实际饲养看，在我国生产性能表现较好，而且饲养量大的主要有以下几个品种：

爱拔益加 简称 AA 肉鸡，原产地美国。AA 肉鸡是美国爱拔益加公司培育的四系配套杂交肉用鸡，AA 肉鸡全身羽毛白色，体型大，胸宽腿粗，肌肉发达，尾羽短。该鸡特点是生长快，耗料少，适应性强。目前，世界上有 20 多个国家和地区设有独资或合资的种鸡公司。我国从 1981 年起，就有广东、上海、江苏、北京和山东等许多省、市先后引进了祖代种鸡，父母代与商品代的饲养已遍布全国，深受生产者和消费者欢迎，成为我国白羽肉鸡市场的重要品种。商品代生产性能 49 日龄平均体重 3 040 克，料肉比为 1.89 : 1，胸肉率 16.8%。

图 1-10　爱拔益加

艾维茵（Avian） 艾维茵肉鸡是美国艾维茵农场育种公司培育的四系配套白羽肉鸡，1985 年由中、美、泰三方合资的“北京家禽育种有限公

图 1-11　艾维菌

司”引进曾祖代种鸡，1988 年经农业部验收合格，至 1990 年已向国内外大量推广祖代及父母代种鸡。艾维茵肉鸡为显性白羽肉鸡，体型饱满，胸宽、腿短、黄皮肤，具有增重快、成活率高、饲料报酬高等优良特点。商品代公母混养 49 日龄平均日龄体重 3 177 克，料肉比为1.84∶1。

科宝 –500

科宝 –500 原产于美国，该品种体型大，胸深背阔，全身白羽，鸡头大小适中，单冠直立，冠髯鲜红，虹彩橙黄，脚高而粗。商品代生长快，均匀度好，肌肉丰满，肉质鲜美。40~45 日龄上市，体重达 2 千克，料肉比为1.9∶1。屠宰率高，胸腿肌率 34.5%以上。

罗斯 308

罗斯 308 祖代肉种鸡是美国安伟捷公司的著名肉鸡，其父母代种用性能优良，商品代的生产性能卓越，可以混养，也可以通过羽速自别雌雄，把公母分开饲养，出栏均匀度好。49 日龄平均体重可达 3 052 克，饲料转化率高，49 日龄料肉比 1.82∶1。

图 1-12　罗斯 308

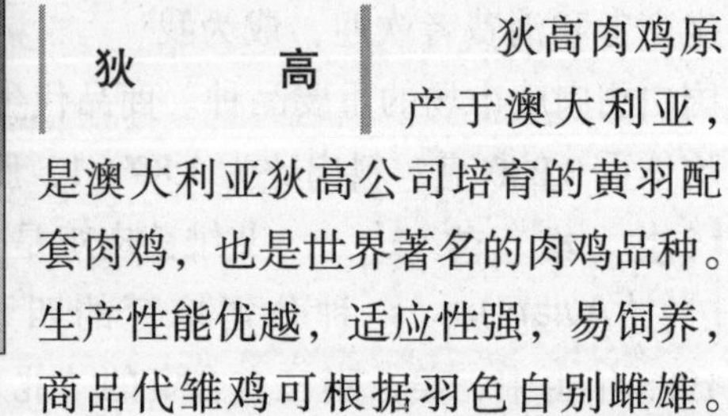

狄　高

狄高肉鸡原产于澳大利亚，是澳大利亚狄高公司培育的黄羽配套肉鸡，也是世界著名的肉鸡品种。生产性能优越，适应性强，易饲养，商品代雏鸡可根据羽色自别雌雄。

在不同的气候条件和农村条件下均可饲养。商品代肉用仔鸡35日龄，公、母鸡平均体重可达1 800克，料肉比1.77：1；42日龄公、母鸡平均体重可达2 280克，料肉比1.94：1；商品代肉用仔鸡49日龄，公、母鸡平均体重可达2 750克，料肉比2.13：1。羽毛颜色与土鸡相似，适合农村、城镇各层次消费者的需求。狄高种母鸡具有独特的"隐性白羽"遗传性状；父本公鸡生长发育良好，产肉多，均可作为地方品种改良之亲本。

图1-13 狄 高

3.自主培育的优质肉鸡新品种（配套系）

以我国地方优良品种为素材，培育具有自主知识产权的优质肉鸡新品种（配套系），适应中华民族独特的消费习惯，已经形成区域优势明显的产业体系，处于世界领先水平。培育的优质肉鸡新品种（配套系）按照体型外貌可分为三黄鸡、青腿麻羽鸡，其中三黄鸡适应我国南方市场，特别是两广、香港等市场需要，而我国北方需要的是青腿麻羽鸡。需要说明的是，随着我国经济发展水平的提高，以及城市关闭活鸡市场的需要，加工型

图 1-14　京星黄鸡 100、102 配套系

（白羽）青腿优质肉鸡将应运而生。

农业部畜禽品种审定委员会组织专家进行品种审定，通过审定的品种（配套系）以“中华人民共和国农业部公告”的形式向社会公布，截止 2010 年 3 月，通过国家级品种审定的鸡新品种（配套系）共 34 个，其中肉用型31 个，蛋用型 3 个（表 1-2）。由于审定品种较多，无法逐一介绍各品种的体型外貌特征和生产性能，不同地区的养殖场（户）可根据市场需要联系培育单位咨询品种(配套系)特征。这里仅介绍有代表性的几个品种。

表 1-2　通过国家品种审定的优质肉鸡配套系

证书编号	配套系名称	类型	第一培育单位
1	康达尔黄鸡 128 配套系	肉用	深圳康达尔（集团）有限公司家禽育种中心
2	新扬褐壳蛋鸡配套系	肉用	上海新扬家禽育种中心
3	江村黄鸡 JH-2 号配套系	肉用	广州市江丰实业有限公司
4	江村黄鸡 JH-3 号配套系	肉用	广州市江丰实业有限公司
5	新兴黄鸡Ⅱ号配套系	肉用	广东温氏食品集团有限公司
6	新兴矮脚黄鸡配套系	肉用	广东温氏食品集团有限公司
7	岭南黄鸡Ⅰ号配套系	肉用	广东省农业科学院畜牧研究所
8	岭南黄鸡Ⅱ号配套系	肉用	广东省农业科学院畜牧研究所
9	京星黄鸡 100 配套系	肉用	中国农业科学院畜牧研究所
10	京星黄鸡 102 配套系	肉用	中国农业科学院畜牧研究所
11	农大 3 号小型蛋鸡配套系	蛋用	中国农业大学动物科学技术学院
12	邵伯鸡配套系	肉用	江苏省家禽科学研究所
13	鲁禽 1 号麻鸡配套系	肉用	山东省农业科学院家禽研究所

（续）

证书编号	配套系名称	类型	第一培育单位
14	鲁禽 3 号麻鸡配套系	肉用	山东省农业科学院家禽研究所
15	文昌鸡	肉用	海南省农业厅
16	新兴竹丝鸡 3 号配套系	肉用	广东温氏南方家禽育种有限公司
17	新兴麻鸡 4 号配套系	肉用	广东温氏南方家禽育种有限公司
18	粤禽皇 2 号鸡配套系	肉用	广东粤禽育种有限公司
19	粤禽皇 3 号鸡配套系	肉用	广东粤禽育种有限公司
20	京海黄鸡	肉用	江苏京海禽业集团有限公司
21	京红 1 号蛋鸡配套系	蛋用	北京市华都峪口禽业有限责任公司
22	京粉 1 号蛋鸡配套系	蛋用	北京市华都峪口禽业有限责任公司
23	良凤花鸡配套系	肉用	广西南宁市良凤农牧有限责任公司
24	墟岗黄鸡 1 号配套系	肉用	广东省鹤山市墟岗黄畜牧有限公司
25	皖南黄鸡配套系	肉用	安徽华大生态农业科技有限公司
26	皖南青脚鸡配套系	肉用	安徽华大生态农业科技有限公司
27	皖江黄鸡配套系	肉用	安徽华卫集团禽业有限公司
28	皖江麻鸡配套系	肉用	安徽华卫集团禽业有限公司
29	雪山鸡配套系	肉用	江苏省常州市立华畜禽有限公司
30	苏禽黄鸡 2 号配套系	肉用	江苏省家禽科学研究所
31	金陵麻鸡配套系	肉用	广西金陵养殖有限公司
32	金陵黄鸡配套系	肉用	广西金陵养殖有限公司
33	岭南黄鸡 3 号配套系	肉用	广东智威农业科技股份有限公司
34	金钱麻鸡 1 号配套系	肉用	广州宏基种禽有限公司

京星黄羽肉鸡

京星黄羽肉鸡是由中国农业科学院北京畜牧兽医研究所通过近 20 年科技攻关培育出的优质肉鸡新品系。

京星黄鸡 100 配套系 1~20 周龄的成活率 94%~97%，父母代种鸡平均开产日龄 154 天，20 周龄母鸡平均体重 1 600 克，24 周龄达产蛋高峰，高峰期产蛋率 83%，66 周龄入舍母鸡平均产蛋量 183 个，平均产雏鸡 140 只，商品鸡 60 日龄公鸡平均体重 1 500，料肉比 2.10：1，80

日龄母鸡平均体重1 600，料肉比2.95：1。

京星黄鸡102配套系1～20周龄的成活率94%~97%，父母代种鸡平均开产日龄168天，20周龄母鸡平均体重1 720克，30周龄达产蛋高峰，高峰期产蛋率80%，66周龄入舍母鸡平均产蛋量163个，平均产雏鸡127～132只，商品鸡50日龄公鸡平均体重1 500克，料肉比2.03：1，63日龄母鸡平均体重1 680克，料肉比2.38：1。

岭南黄鸡

岭南黄鸡是广东省农业科学院畜牧研究所岭南家禽育种公司培育而成的黄羽肉鸡配套系。

岭南黄鸡Ⅰ号配套系1~19周龄的成活率96%，父母代种鸡平均开产年龄168天，开产体重1 500克，30~31周龄达产蛋高峰，高峰期产蛋率83%，68周龄入舍母鸡平均产蛋量175个，平均产雏鸡135只，商品鸡公鸡42日龄平均体重1 431克，料肉比1.65：1，63日龄母鸡平均体重1 174克，料肉比2.01：1。

岭南黄鸡Ⅱ号配套系1~19周龄的成活率95%，父母代种鸡平均开产年龄161天，开产体重1 500克，29~30周龄达产蛋高峰，高峰期产蛋率85%，68周龄入舍母鸡平均产蛋量180个，平均产雏鸡142只，商品鸡公鸡70日龄平均体重1 500克，料肉比2.80：1，90日龄母鸡平均体重1 250克，料肉比3.10：1。

图1-15　岭南黄鸡Ⅰ、Ⅱ号配套系

鲁禽1号、3号麻鸡配套系 鲁禽1号、3号麻鸡配套系是山东省农业科学院家禽研究所以琅琊鸡等地方优良品种为育种素材培育而成的优质肉鸡新品种（配套系），2006年通过国家畜禽遗传资源管理委员会的品种审定。

(1) 体型外貌 体型较大，胫（趾）粗壮，呈青色，皮肤白色。单冠、冠大鲜红直立，脸部鲜红色，性成熟早。适应性、抗病力强。公鸡颈羽、覆尾羽呈金黄色，披肩羽、鞍羽呈红褐色，富有光泽，主翼羽、尾羽间有黑色翎闪绿色光泽。母鸡羽色分为黑麻(占80%以上)和黄麻两种，颈羽有浅黄色镶边，尾羽为黑色。

(2) 生产性能 父母代种鸡：鲁禽1号、3号父母代育雏育成期成活率95%以上。鲁禽1号父母代种鸡开产体重1 884.5克，66周龄产蛋数180个，受精率93%以上，受精蛋孵化率89%以上；鲁禽3号父母代种鸡开产体重1 696.8克，66周龄产蛋数182.5个，受精率93%以上，受精蛋孵化率89%以上。鲁禽1号商品代10周龄公

图1-16 鲁禽1号麻鸡配套系商品代

图 1–17　鲁禽 3 号麻鸡配套系商品代

母平均体重 1 865.6 g，饲料转化率为 2.39。鲁禽 3 号商品代 13 周龄公母平均体重 1 856.5 g，饲料转化率为 3.36。

4.“817”小型肉鸡

“817” 小型肉鸡采用的肉鸡和蛋鸡杂交的配套模式，即快大型白羽肉鸡父母代父系公鸡和商品代褐壳蛋鸡杂交生产小型肉鸡的制种模式，其优势突出表现在商品代褐壳蛋鸡价格低、产蛋量高，商品代雏鸡成本低，是最经济的制种模式。并且能够及时利用世界肉鸡、蛋鸡最先进的育种成果，20 多年来褐壳蛋鸡 500 日龄产蛋量提高了 30 多个，爱拔益加肉鸡 49 日龄体重由 1990 年的 2 025 克提高到目前的 3 040 克，料肉比从 2.13 : 1 下降到 1.89 : 1。表现在“817”小型肉鸡上，达到 1 千克出栏体重的时间从 8 周龄缩短至 5 周龄，料肉比从 2.37∶1 下降到 1.7~1.8∶1。

近几年“817”小型肉鸡生产在山东、安徽、河南、河北、江苏等省份发展迅速，估计年出栏量在 10 亿只以上，约占全国肉鸡出栏量的 12.5%，已成为我国肉鸡产业中的一个重要组成部分。目前，“817”肉鸡除用于扒鸡、烧鸡生产外，更多地用于加工白条鸡、西装鸡、调理鸡、烤鸡等，产品销往北京、上海、深圳、广州等全国各个省市。

需要说明的是，“817”小型肉鸡是一种肉鸡和蛋鸡杂交，生产小型肉鸡的一种制种模式，由于国内没有经过自主选育，无法开展品种审定等工作，政府管理缺乏依据。行政管理缺失造成了种蛋生产场、孵化场生产条件参差不齐，影响了雏鸡质量。2009 年 12 月山东省农

图 1–18 “817”小型肉鸡

业科学院家禽研究所和国家肉鸡产业技术体系联合召开“817”肉鸡研讨会，农业部2010年3月也召开的专题研讨会，决定制定管理办法，把“817”小型肉鸡制种企业纳入父母代种鸡管理体系，随着政府监管措施的加强，“817”小型肉鸡生产将会持续健康发展。

二、肉鸡的营养

目标

- 了解肉鸡的消化生理与营养需要特点
- 掌握肉鸡的营养需要与饲养标准
- 熟悉肉鸡的营养缺乏症

1. 肉鸡的消化生理与营养特点

鸡的消化生理特点 鸡的消化道短，食物通过消化道的速度比家畜快，吃进的食物大约经过 5 个小时左右就有半数排出，全部排完共需 12~20 小时。鸡的消化器官包括喙、口腔、咽、食道、嗉囊，腺胃、肌胃、十二指肠、空肠、回肠、盲肠、直肠、泄殖腔以及肝、胰等（图 2–1）。

(1) 口腔　家禽没有牙齿，食物摄入口腔后不经咀嚼而在舌的帮助下直接咽下，唾液的消化作用不大。

(2) 嗉囊　食物被吞食后即进入嗉囊。嗉囊主要起贮存食物、湿润和软化食物的作用。

(3) 胃　鸡的胃分腺胃和肌胃，腺胃分泌胃液，内有蛋白分解酶和盐酸，可对食物进行消化作用，但腺胃容积小，食物停留时间短，所以消化功能不大。胃液的消化作用主要是在肌胃和十二指肠内进行。混有胃液的食物在肌胃继续消化，肌胃有节律性的收缩也使颗粒较大的食物得到磨碎，有助于食物消化。

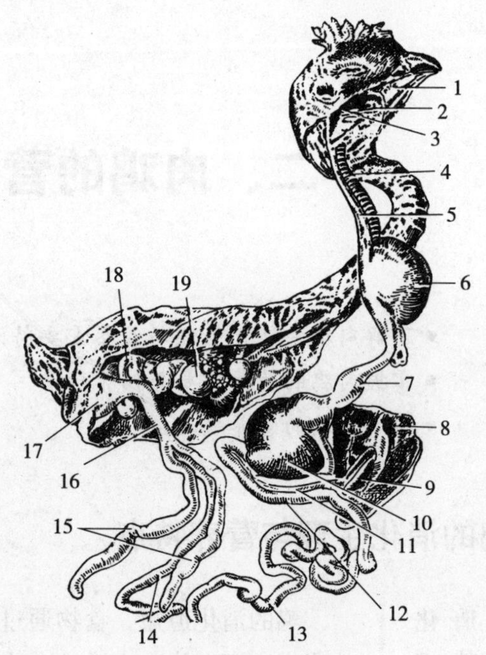

图 2-1 鸡的消化器官

（引自杨宁主编《现代养鸡生产学》）

1.口腔 2.喉 3.咽 4.气管 5.食道 6.嗉囊 7.腺胃 8.肝 9.胆囊 10.肌胃 11.胰 12.十二指肠 13.空肠 14.回肠 15.盲肠 16.直肠 17.泄殖腔 18.输卵管 19.卵巢

（4）肠 家禽的肠分为小肠和大肠，全长约为体长的5~6倍，小肠长约180厘米。小肠包括十二指肠、空肠和回肠，十二指肠形成U形弯曲，将胰腺夹在中间。小肠内的消化液有肝脏分泌的胆汁以及胰脏和小肠分泌的消化液，内有多种酶及消化因子，可对食物进行充分的消化。大肠包括一对盲肠和一段短的直肠，对饲料的消化作用不大。直肠不保留粪便，很快排出。

肉鸡需要的营养成分

肉鸡不爱活动，生长速度随日龄增加而加快，到第7周龄时达到最高，以后则逐渐降低。肉鸡采食数量大，饲料利用率高，但随着日龄的增加，饲料转化率①逐渐降低。

(1) 蛋白质营养　蛋白质是肉鸡生命的基础，由多种氨基酸组成，实际上，肉鸡的蛋白质营养就是氨基酸营养。成年鸡的必需氨基酸②有蛋氨酸、赖氨酸、组氨酸、色氨酸、异亮氨酸、苏氨酸、精氨酸、亮氨酸、缬氨酸、苯丙氨酸、酪氨酸、胱氨酸等 12 种；而雏鸡的必需氨基酸除了这 12 种外，还包括甘氨酸。

必需氨基酸有一种不足时，就会影响其他氨基酸的消化吸收。在维持氨基酸平衡中，尤其要注意蛋氨酸、赖氨酸、色氨酸三种限制性氨基酸③的充分供给，肉鸡才能进行蛋白质的正常合成。

为了提高饲料蛋白质的利用率，实际生产中，常把多种饲料搭配起来使用，必需氨基酸就能得到相互补充，也可以添加人工合成的蛋氨酸和赖氨酸，以保证氨基酸的平衡与利用。

鸡对蛋白质的需要量取决于鸡的种类、日龄和生产性能。鸡是“以能为食”的动物，饲料的摄入量与能量有密切的关系，我国鸡的饲养标准中，用蛋白能量比确定蛋白质与能量的比例关系，目的就是为了平衡蛋白质的摄入量。

(2) 能量的需求　鸡的一切生理活动，包括运动、呼吸、循环、排泄、神经系统、繁殖、体温调节等都需要能量。鸡所需要的能量主要来源于饲料中的碳水化合物和脂肪，饲料中过剩的蛋白质也会分解产生能量。鸡的能量需要一般采用代谢能（ME）表示，影响能量需要的因素见表 2–1。

①碳水化合物：包括淀粉、糖类和纤维素。其中，淀粉和糖类是鸡的主要能量来源。各种谷实类饲料特别是玉米中含有丰富的淀粉和糖。鸡对纤维的消化能力低，

①饲料转化率：也称为饲料报酬，指消耗单位风干饲料重量与所得到的动物产品重量的比值。也称为料肉比，即饲喂 1 千克饲料肉鸡能长多少肉，如料肉比为 1.8：1，则是饲喂 1.8 千克饲料长 1 千克肉，所以养殖户都希望能降低料肉比。

②必需氨基酸：是指动物体内不能合成或能够合成但合成数量不足以满足动物需要，必须由饲粮提供的氨基酸。

③限制性氨基酸：是指一定饲料或饲粮所含必需氨基酸的量与动物所需的蛋白质必需氨基酸的量相比，比值偏低的氨基酸。其中比值最低的称第一限制性氨基酸，以后依次为第二、第三、第四……限制性氨基酸。

①日粮：供给动物一天所需营养的各种饲料总量。

②必需脂肪酸：在鸡体内大部分脂肪酸可以合成，只有少部分不能合成，必须由饲料提供，这种脂肪酸称为必需脂肪酸。

③营养需要：是指每头（只）动物每一天对能量、蛋白质、矿物质和维生素等营养素的需要量。

因此日粮[①]中纤维不可太多，一般日粮中纤维含量应在2.5%~5.0%。

②脂肪：是高能量物质。它在体内释放的能量是同质量碳水化合物或蛋白质的2.25倍，它也是脂溶性维生素的溶剂，并提供必需脂肪酸[②]——亚油酸。一般肉用仔鸡饲料中添加2%~6%脂肪较适宜。亚油酸在鸡饲料中的含量一般为0.8%~1.0%即可满足鸡的营养需要[③]。

③蛋白质：当机体内供给能量的碳水化合物和脂肪不足时，多余的蛋白就会分解氧化补充不足的能量。但是，用蛋白质作能量，经济效益降低，而且易使鸡患疾病。

（3）*矿物质营养*　矿物质主要存在于鸡的骨骼等组织和器官中，鸡需要的矿物质主要有镁、硫、磷、钠、钾、氯及铜、铁、锰、锌、硒、碘，前七种在体内含量超过0.01%，称为常量元素，后几种称为微量元素。各种矿物质的作用见表2–2。一般饲料中的微量元素含量很低不作计算，需要量直接用无机盐化合物来补充。但是，微量元素的添加量不宜过大，一方面会造成浪费，而且污染环境，另一方面也易引起中毒。

表2-1　影响能量需要的主要因素

因　素	影　响	说　明
环境温度与季节	低温时能量需求多，所以冬季能量需求比夏季多	在能量水平相同的条件下，冬季采食量大，夏季采食量小，所以冬季蛋白质的摄入量就会过多，夏季偏少，因此可采取调整蛋白能量比的方法来解决蛋白质摄入量过多或过少的问题
品种类型	肉用仔鸡高于蛋鸡，雏鸡及产蛋鸡高于青年鸡	
饲养方式	平养鸡比笼养鸡所需能量高	
体　重	体重大的鸡所需能量多	

表 2-2　几种主要矿物的作用

矿物质	主要作用	说　明
钙	构成骨骼，维持神经、肌肉正常功能；参与正常凝血	鸡对植酸磷①利用率较低，所以饲料中须补充一部分无机磷，一般占总磷的 1/3 以上，尤其要注意无鱼粉日粮中磷的补加；生长鸡日粮钙磷以 1.2∶1 为宜，允许范围 1.1～1.5∶1
磷	构成某些酶类，在脂类代谢和运输、能量代谢中起重要作用	
钠、氯、钾	三者作为电解质参与维持细胞外液平衡和维持神经肌肉兴奋性；参与胃酸的形成；氯形成盐酸使蛋白酶活化；钾促进细胞对中性氨基酸的吸收	钠和氯一般以添加食盐的形式供给，一般加入 0.3%的食盐就能满足需要；在生产中添加时一定要考虑到日粮中鱼粉的含盐量
锰	参与肉鸡骨骼的生长与肉种鸡的繁殖	鸡对锰的吸收较差，所以日粮中必须添加，以硫酸锰、氯化锰等形式添加
锌	以多种酶形式存在	可以硫酸锌或氯化锌形式添加
铁	保证机体组织内氧的输送有重要作用，存在于血红素、肌红蛋白和一些酶中	铁、铜都以硫酸盐或氯化物的形式补充
铜	有利于铁的吸收和血红素的形成	
硒	抗氧化作用，与维生素 E 共同起保护细胞膜的作用	一般用亚硒酸钠补充

(4) 维生素营养　虽然鸡对维生素的需要量很少，但维生素对促进鸡的生长，提高饲料转化率、繁殖力和免疫力非常重要，特别对幼鸡和种鸡更为重要。生产中最易缺乏的是维生素 A、维生素 B_2、维生素 D_3。在现代化肉鸡场，所需维生素均采用添加剂形式补充；对于放养地方品种的农户，如果不用添加剂，必须保证青绿饲料的适量供应。各种维生素的主要功能见表 2–3。

(5) 水的营养　水是人们极易忽视的一种营养物质，水在营养物质的消化吸收、代谢废物的排出、血液循环及调节体温等方面具有重要的作用。鸡体内缺水的危害比缺乏其他营养成分的危害更大。断水 24 小时，肉鸡生长停滞。断水 48~60 小时，出现较高的死亡率。鸡体内失水 20%就会导致死亡。

①植酸磷：与植酸结合的磷称为植酸磷，是植物性饲料中磷的主要存在形式，很难直接被肉鸡利用；此外，植酸还会与金属离子、蛋白质、氨基酸、淀粉等营养物质结合，降低饲料营养价值。

表 2-3　各种维生素的主要功能

	种　类	主要功能
脂溶性维生素①	维生素 A	维持正常视觉和维持膜膜上皮的正常结构
	维生素 D	增加肠对钙与磷的吸收
	维生素 E	具有抗氧化作用与硒（Se）协同保护多种不饱和脂肪酸，从而维持细胞膜的正常脂质结构
	维生素 K	参与凝血
水溶性维生素②	B族维生素	动物体内许多酶的辅酶，参与体内的物质代谢 构成和维持细胞的结构，促成软骨基质成熟，并能防止骨短粗病的发生；胆碱参与脂肪代谢，有防治脂肪肝的作用；胆碱还是乙酰胆碱的成分，参与神经冲动传导
	维生素 C	具有抗氧化与解毒的作用，并能减轻维生素 A、维生素 B_1、维生素 B_2、维生素 B_{12}、维生素 B_3 等不足产生的症状

①脂溶性维生素：包括维生素A、维生素D、维生素E、维生素K等。这类维生素的吸收利用需要脂溶性溶剂，能在体内大量存储。

②水溶性维生素：包括B族维生素和维生素C等。这类维生素的吸收利用需要水，不在体内储存。

一般情况下，鸡的饮水量与采食量有关，肉用仔鸡的饮水量是采食量的1.5倍左右，炎热的夏季甚至可达2倍以上。鸡饮水量的改变可反映出鸡群健康状况和生产水平的变化。

在生产中要注意，饮水量还受很多因素的影响，如饲料种类、环境温度、水温、鸡的体重、活动情况等，其中以环境温度的影响最大。健康状况也影响饮水量，如鸡患球虫病、传染性法氏囊病时饮水量增加。在肉鸡饲养过程中，一定要注意水的供给，同时要注意水的卫生。

2. 营养代谢异常对肉鸡的影响

蛋白质不足的后果　日粮中缺乏蛋白质对于肉鸡的健康、生产性能和产品品质均会产生不良影响。主要表现为以下几方面：

1. 生长减缓和体重减轻　日粮中如果缺乏蛋白质幼龄肉鸡将会因体内蛋白质合成代谢障碍而使体蛋白质

沉积减少甚至停滞，因而生长速率明显减缓，甚至停止生长。

2. 消化机能紊乱 蛋白质缺乏会影响胃肠黏膜及消化腺的更新，影响消化液的正常分泌。所以，当日粮缺乏蛋白质时，肉鸡将会出现食欲下降，采食量减少，营养吸收不良及慢性腹泻等异常现象。

3. 抗病力减弱，易患贫血症 日粮中缺乏蛋白质，血液中免疫球蛋白合成减少，从而使机体的抗病力减弱，此外，还会因为体内不能形成足够的血红蛋白和血细胞蛋白质而患贫血症。

矿物质的代谢异常 肉鸡在饲养过程中，由于生长速度快，集约化饲养等原因，很容易缺乏部分矿物质，一般来说，大部分矿物质缺乏都会引起生长速度慢，饲料报酬低等现象。此外，还有的会引发特异性的缺乏症（表2–4）。

表2-4 常见矿物质代谢异常对肉鸡的影响

矿物质	影　响
钙	钙缺乏，雏鸡生长发育不良，易患佝偻病，骨骼变形（图2-2、图2-3）； 钙过多，影响鸡的生长，而且影响雏鸡对磷、镁、锰及锌的吸收利用
磷	磷缺乏，鸡生长缓慢，食欲减退，易出现异食癖，如啄毛、啄肛、啄趾等（图2-4）
食盐	食盐过量，饮水量增加，导致拉稀，严重时会出现食盐障碍； 食盐不足时，鸡食欲下降，消化不良，生长缓慢，且易产生啄羽、啄肛等异食癖（图2-4）
锰	锰缺乏时，雏鸡骨骼发育不良，易患滑腱症或骨短粗症（图2-5、图2-6），运动失调，体重下降，生长受阻； 锰过量影响钙、磷的吸收
锌	雏鸡生长受阻，羽毛发育异常，骨质脆弱、易变形，关节大而硬，蹠骨短粗、表面呈鳞片状，并有皮炎
铁	缺铁时，导致鸡发生营养性贫血，生长迟缓，羽毛无光； 过量时，采食减少，体重下降，影响磷的吸收
铜	铜缺乏，会引起贫血、骨质疏松、生长受阻，不利于钙、磷的吸收
硒	仔鸡缺硒时发生渗出性素质，腹腔积水、肚子大、腹下皮肤呈蓝绿色（图2-7）；成鸡皮下水肿、出血、肌肉萎缩、肝脏坏死，产蛋率、孵化率降低

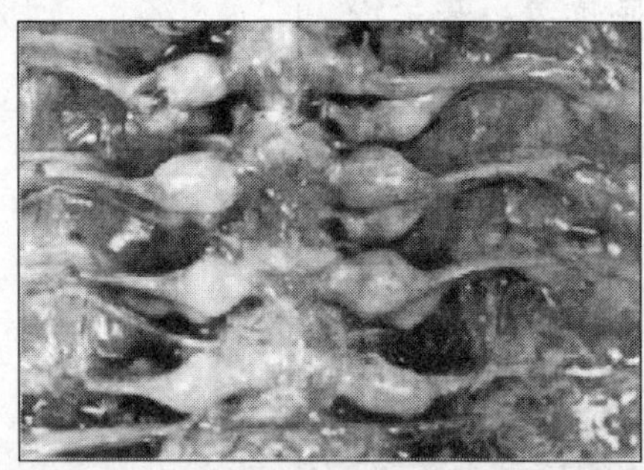

图 2–2　钙缺乏症，肋骨锥端成球状膨大

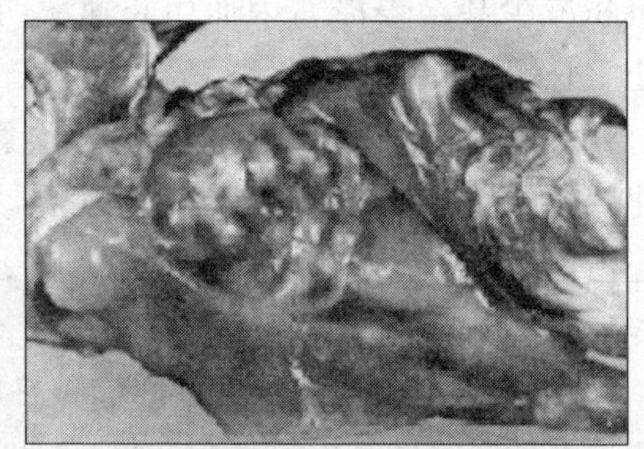

图2–3　钙缺乏症，雏鸡佝偻病，肋骨内弯、胸廓变形并形成佝偻珠

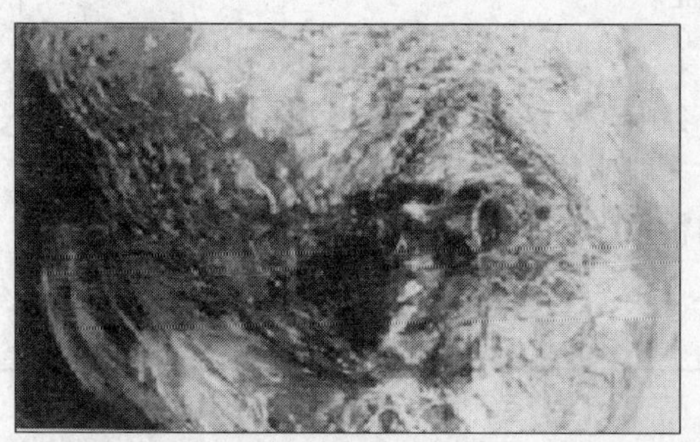

图2–4　磷缺乏症，啄癖，病鸡背部羽毛被啄光，尾椎严重啄损

图2–5　锰缺乏症，小鸡右侧跗关节受损，腿（爪）向外伸展

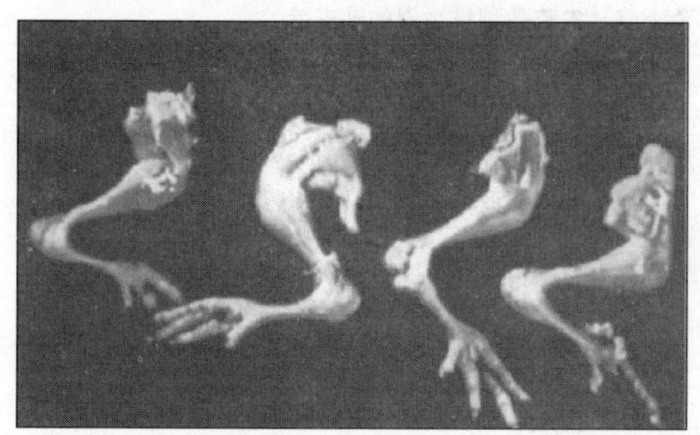

图2-6　锰缺乏症，胫跖关节跖骨滑车内侧骨发育不良，腓肠肌腱滑脱

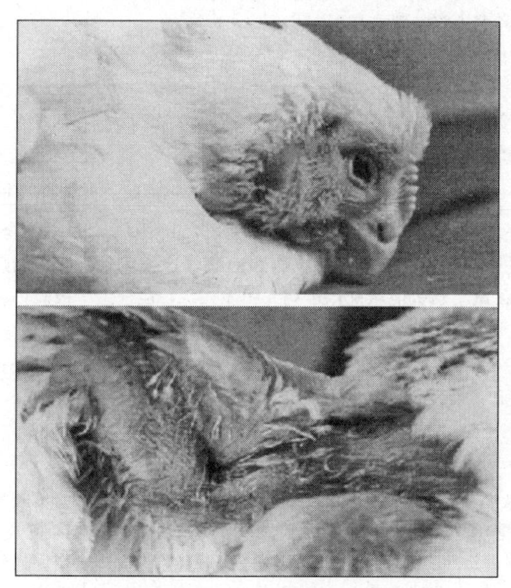

图2-7　硒缺乏症，渗出性素质，颌下、腋下水肿，外观蓝绿色

维生素的缺乏症　鸡最易缺乏的是维生素 A、维生素 D_3、硫胺素、核黄素、维生素 B_{12}、维生素 E 和维生素 K 等，各种缺乏症见表 2-5。

表 2-5　肉鸡各种维生素的缺乏症

	来　源	缺乏对肉（种）鸡的影响	备　注
维生素 A	鱼肝油中含量丰富，青绿饲料、水果皮、南瓜、胡萝卜、黄玉米含有的胡萝卜素能在鸡体内转变为维生素 A	初生雏出现眼炎或失明，2 周龄内生长发育迟缓；生长鸡上皮细胞角化变性增殖（图 2-8、图2-9），失去分泌能力，对病原微生物侵袭的抵抗力降低；临床上常出现生长发育缓慢，运动失调，眼内流出乳白色黏液性分泌物，还可引起呼吸道、肠道炎症，严重的会引起死亡	
维生素 D	植物中的麦角醇为维生素 D_2 原，经紫外线照射后可转变为维生素 D_2，又名麦角钙化醇；动物皮下含的 7-脱氢胆固醇为维生素 D_3 原，在紫外线照射后转变成维生素 D_3，又名胆钙化醇	雏鸡生长不良，羽毛松散，喙爪变软（图 2-10）、弯曲，胸骨弯曲，胸部内陷，腿骨变形	
维生素 E	麦芽、麦胚油、棉籽油、花生油、大豆油中含量丰富，青饲料、青干草中含量也多	雏鸡患脑软化症（图 2-11、图 2-12）、渗出性素质病和白肌病；公鸡生殖机能紊乱；母鸡无明显症状，但种蛋孵化率低，胚胎常在 4～7 日龄死亡	配合饲料粉碎、加热过程可被破坏
维生素 K	鱼肝油、紫花苜蓿、豌豆等	病鸡容易出血且不易凝固，冠苍白，死前呈蹲坐姿势	
维生素 B_1（硫胺素）	糠麸、青饲料、胚芽、草粉、豆类、发酵饲料和酵母粉中含量丰富	雏鸡生长不良，食欲减退，消化不良，发生痉挛；严重时出现多发性神经炎（图 2-13），头向后仰（观星状），背极度弯曲（角弓反张）（图 2-14）、瘫痪、倒地不起	硫胺素在酸性饲料中相当稳定，遇热碱易被破坏
维生素 B_2（核黄素）	青饲料、干草粉、酵母、鱼粉、糠麸、小麦中含量较多	雏鸡生长缓慢，出现蜷爪麻痹症，足趾向内弯曲，有时以关节触地走路，皮肤干而粗糙（图2-15）；种蛋孵化率低，胚胎死亡；出壳雏脚趾弯曲、绒毛稀少	是 B 族维生素中对鸡最为重要，而又不易满足的一种维生素

（续）

	来　源	缺乏对肉（种）鸡的影响	备　注
维生素 B_3（泛酸）	泛酸在酵母、青饲料、糠麸、花生饼、干草粉、小麦中含量丰富	雏鸡生长受阻，羽毛粗糙，骨变短粗，随后出现皮炎，口角有局限性损伤（图 2-16）	与饲料混合时容易受破坏，故常以其钙盐作添加剂；泛酸与核黄素的利用有密切关系，一种缺乏时另一种需要量增加
维生素 B_{12}	维生素 B_{12} 在肉骨粉、鱼粉、血粉、羽毛粉等动物性饲料中含量丰富，鸡粪和禽舍厚垫草内也含有维生素 B_{12}	生长缓慢，贫血，饲料利用率低，食欲不振，甚至死亡	维生素 B_{12} 不稳定，氧化剂和还原剂可使之破坏
生物素	生物素分布广泛，性质稳定，消化道内合成充足，不易缺乏	生长减缓，食欲不振，生长速度下降；鸡的胫和趾、喙和眼周围皮肤炎症，角化，开裂出血，生成硬壳性结痂（图 2-17）	
胆碱	一般饲料含量都较丰富	引起脂肪肝，繁殖力下降，食欲减退，羽毛粗糙，雏鸡、生长鸡生长受阻，并引起骨短粗症（类似滑腱症）	
维生素 C	青绿多汁饲料中含量丰富	发生坏血病，生长停滞，体重减轻，关节变软；身体各部出血，贫血	应激状态时增加维生素 C，正常情况无需添加

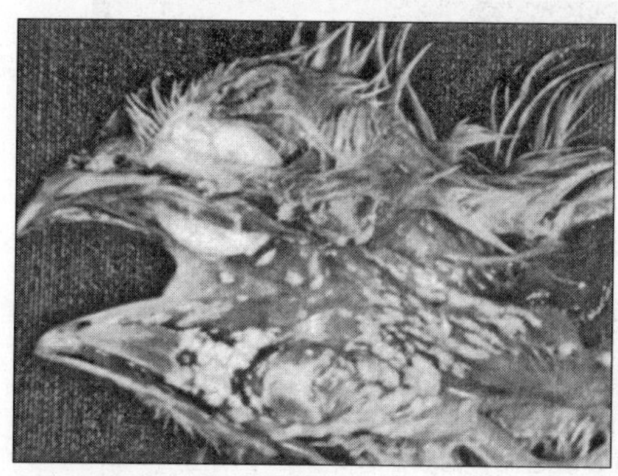

图 2-8　维生素 A 缺乏症，黏膜角质化——对微生物抵抗力减弱

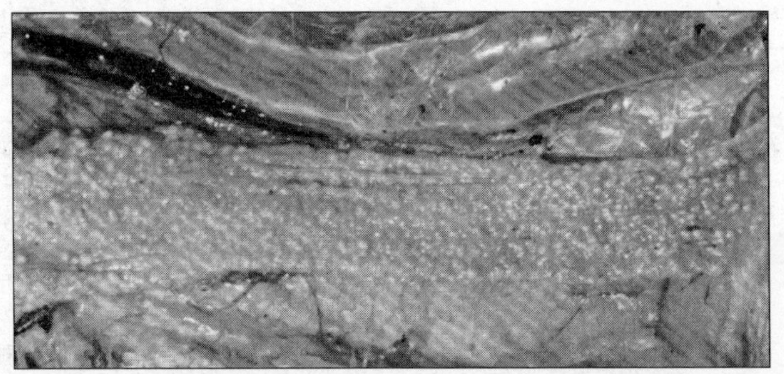

图 2-9　维生素 A 缺乏症，口腔及食管黏膜过度角化

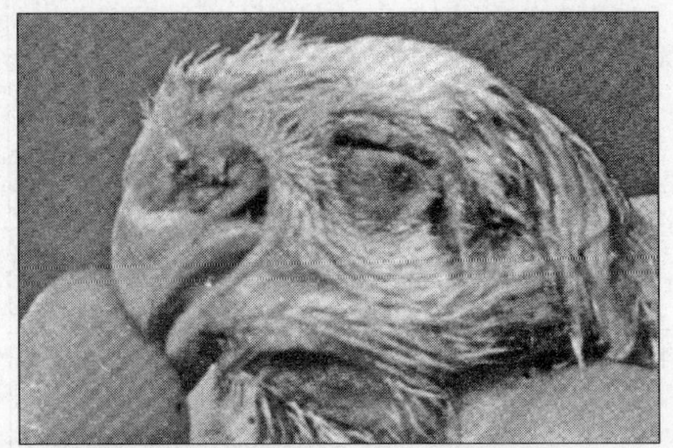

图 2-10　维生素 D 缺乏症，小鸡佝偻病，喙软化

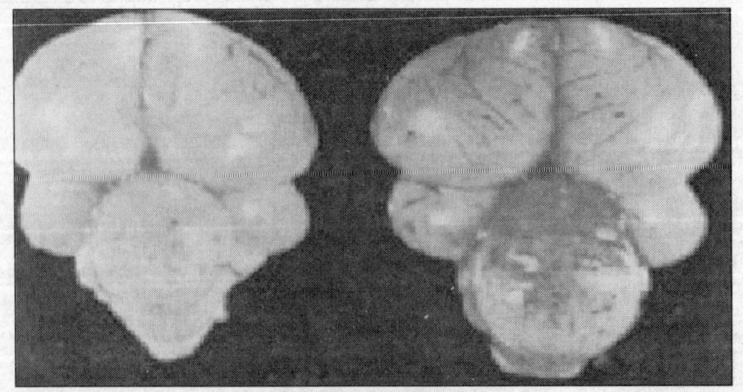

图 2-11　维生素 E 缺乏症，脑膜血管充盈，小脑出血严重（左为正常）

图 2–12　维生素 E 缺乏症，小脑软化，狂鸡病

图 2–13　维生素 B_1 缺乏症，多发性神经炎

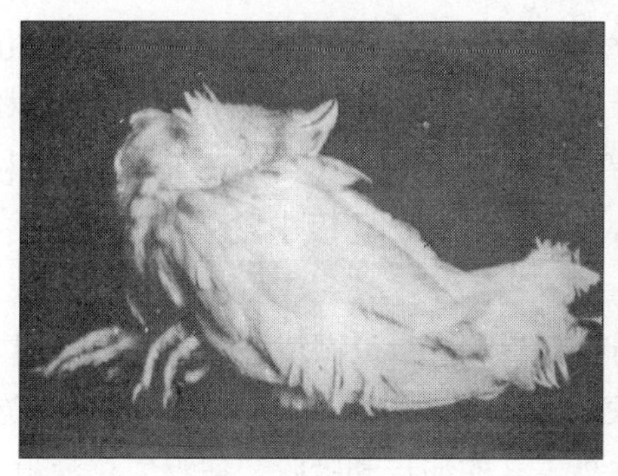

图 2–14　维生素 B_1 缺乏症，角弓反张，羽毛蓬乱

图 2–15　维生素 B_2 缺乏症，蜷爪麻痹

图 2–16　泛酸缺乏症，眼睑、喙皮炎

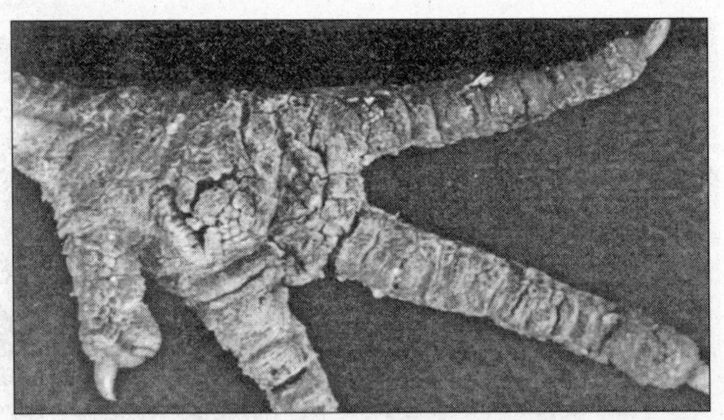

图 2-17 生物素缺乏症，脚趾裂

防止其他营养物质的代谢异常

(1) 粗纤维 饲料中的粗纤维不能太多也不能太少，太多不利于其他营养物质的消化吸收；太少鸡容易发生食羽、啄肛等不良现象；一般日粮中含量应在 2.5%~5.0%。

(2) 脂肪 饲料中脂肪含量过高或过低对鸡都不利。脂肪含量高，会使鸡食欲不振，消化不良，下痢；脂肪不足会妨碍脂溶性维生素的输送和吸收，使鸡生长受阻、脱毛等。

(3) 必需脂肪酸 雏鸡缺乏必需脂肪酸，生长不良，饮水量增加，肝中脂肪沉积，容易引起呼吸道感染。

3. 肉鸡的饲养标准①

动物在生存和生产过程中必须不断地从外界摄取养分。不同动物、不同生理状态、不同生产水平及不同环境条件对养分的需要量不同，因此需要对特定动物的营养需要量作出规定，以便指导生产。而肉鸡饲养标准是肉鸡所需养分在数量上的叙述或说明。

①饲养标准：根据大量饲养试验结果，对各种特定动物所需要的各种营养物质的定额作出规定，这种系统的营养定额规定称为饲养标准。

肉鸡饲养标准的主要指标

（1）采食量　以干物质或风干物质采食量表示。饲养标准中规定的采食量，是根据肉鸡营养原理和大量试验结果，科学地规定了肉鸡不同生长（生理）阶段的采食量。

（2）能量　由于饲料存在消化利用率问题，因此就有消化能（DE），代谢能（ME），净能（NE）之说。一般家禽类对能量的需要用代谢能（ME）表示。能量水平随环境等条件变化进行调整。家禽对能量的需要受许多因素影响，品种、性别、周龄、营养状态、日粮及环境因素等都影响家禽对能量的需要，一般肉鸡比同体重的蛋鸡基础代谢高，对能量的需要也高于蛋鸡，因此一般应在日粮中添加油脂以满足其对能量的需要，否则会影响肉鸡生长。

（3）蛋白质　一般用粗蛋白（CP）表示鸡对蛋白质的需要。

（4）氨基酸　饲养标准中列出了必需氨基酸（EAA）的需要量，其表达方式用每天每只需要多少表示，或用单位营养物质浓度表示等。对于鸡而言，蛋白质营养实际是氨基酸营养，要想获得最佳的生产性能，日粮中就必须提供数量足够的必需氨基酸，尤其是限制性氨基酸。用可利用氨基酸表示肉鸡对蛋白质需要量也将是今后发展的方向。

（5）维生素　一般脂溶性维生素需要量用国际单位（IU）表示，而水溶性维生素需要量用毫克／千克或微克／千克表示。鸡体内合成的维生素 C，一般可满足需要，只有在应激状况下才补充维生素 C，而维生素 A、维生素 D、维生素 E、维生素 K、B 族维生素、核黄素、泛酸、胆碱、烟酸、生物素、叶酸都要进行补充。

（6）矿物质　常量矿物质元素主要列出了钙、磷、钠、氯需要量，用百分数表示；微量元素列出了铁、锌、铜、锰、碘、硒需要量。微量元素一般用毫克 / 千克表示。

不同类别肉鸡的饲养标准 饲养标准大致可分为两类，一类是国家规定和颁布的饲养标准，称为国家标准；另一类是大型育种公司根据自己培育出的品种或品系的特点，制定的符合该品种或品系营养需要的饲养标准，称为专用标准。表2-6 中列举了几种快大型肉鸡的饲养标准，仅供养殖户参考。

表 2-6　快大型肉鸡饲养标准

	代谢能（兆焦/千克）	粗蛋白质（%）	钙（%）	有效磷（%）	蛋氨酸（%）	含硫氨基酸（%）	赖氨酸（%）
艾维茵肉仔鸡							
公：0～3 周龄	12.97	24	0.95	0.50	0.28	0.96	1.25
4～6 周龄	12.97	21	0.95	0.48	0.22	0.85	1.05
7 周龄以上	13.39	19	0.85	0.42	0.22	0.71	0.80
母：0～3 周龄	12.97	24	0.95	0.50	0.28	0.96	1.25
4～6 周龄	13.39	19.5	0.85	0.40	0.22	0.75	0.90
7 周龄以上	13.39	18	0.80	0.35	0.22	0.65	0.70
中国肉仔鸡饲养标准（中华人民共和国农业行业标准 NY/T 33—2004）							
0～3 周龄	12.54	21.5	1.00	0.45	0.50	0.91	1.15
4～6 周龄	12.96	20	0.90	0.40	0.40	0.76	1.00
7 周龄以上	13.17	18	0.80	0.35	0.34	0.65	0.87
美国 NRC1994 第九版							
0～3 周龄	13.39	23	1.00	0.45	0.50	0.90	1.10
4～6 周龄	13.39	20	0.90	0.35	0.38	0.72	1.00
7～8 周龄	13.39	18	0.80	0.30	0.32	0.60	0.85
AA（爱拔益加）肉仔鸡饲养标准							
0～21 天	12.13	20	0.90	0.45	0.40	0.78	1.00
22～40 天	13.39	20	0.85	0.42	0.44	0.82	1.01
41 天至出栏	13.39	18.5	0.80	0.40	0.38	0.77	0.94

我国于 2004 年新修订了农业行业标准，并确定了黄羽肉鸡的饲养标准（表 2-7）。

表 2-7 黄羽肉鸡仔鸡饲养标准

营养指标 \ 周龄	公鸡 0～4 母鸡 0～3	公鸡 5～8 母鸡 4～5	公鸡＞8 母鸡＞5
代谢能（兆焦/千克）	12.12	12.54	12.96
粗蛋白质（%）	21.0	19.0	16.0
蛋能比（克/兆焦）	17.33	15.15	12.34
钙（%）	1.0	0.9	0.8
总磷（%）	0.68	0.65	0.60
有效磷（%）	0.45	0.40	0.35
赖氨酸（%）	1.05	0.98	0.85
蛋氨酸（%）	0.46	0.40	0.34
蛋氨酸＋胱氨酸（%）	0.85	0.72	0.65

通过国家审定的优质肉鸡配套系近30个，分别归属于快速型、中速型和慢速型优质肉鸡，其营养需要主要与生长速度密切相关，与外貌特征没有必然联系，因而麻羽系等其他优质肉鸡均可参考上述营养标准，并根据实际需要进行必要的调整。确定优质肉鸡的营养需要时，既要考虑充分发挥鸡种生长潜力，又要把提高饲料报酬作为首要条件。此外，还要注意饲料的多样化，改善鸡肉品质。

应用饲养标准时应注意的问题 饲养标准或营养需要的制订都是以一定的条件为基础，有其适用范围，所以实际应用时要根据实际情况灵活调整。

(1) *饲养方式* 一般所列营养需要指标以全舍饲养方式为主，但如果大运动场放养时应该结合运动量与天然采食情况给予适当调整。

(2) *遗传因素* 鸡的不同种类以及不同品种对营养需要都有变化，特别是对蛋白质的要求，所以应该酌情改善。

(3) *环境因素* 在环境诸因素中，温度影响采食量进而对营养需要影响最大，为了保证鸡每天能采食到足够的能量、蛋白质及其他养分，应根据实际气温调整饲粮[①]的营养含量。

(4) *疾病以及其他应激因素* 发生疾病或转群、断喙、疫苗注射、长途运输等，通常维生素的消耗量比较大，应酌情增加。

①饲粮：全面供给动物营养的饲料混合物。

三、肉鸡的饲料配制方法

目标
- 了解肉鸡的常用饲料
- 熟悉肉鸡的配合饲料及种类
- 熟悉配合饲料的配制方法

1. 肉鸡常用的饲料种类

肉鸡的常用饲料种类很多，按营养划分为蛋白质饲料①、能量饲料②、矿物质饲料③和饲料添加剂。

蛋白质饲料

根据来源不同，分为植物性蛋白质饲料、动物性蛋白质饲料和单细胞蛋白质饲料。单细胞蛋白质饲料通常有酵母、微型藻、真菌等，生产中不常使用。

(1) 植物性蛋白质饲料

①豆类籽实：常见的有大豆、蚕豆、红小豆等。粗蛋白质含量丰富，约占20%~40%，淀粉、糖类含量比谷实类低，维生素、矿物质含量与谷实类接近。豆类籽实的蛋白质品质佳，赖氨酸含量高达1.8%~3.06%；但蛋氨酸等含硫氨基酸的含量偏少。豆类籽实中含有抗胰蛋白酶、导致甲状腺肿大的皂素、血凝集素等不良因子，影响适口性、消化性。所以，在喂饲豆类籽实前，须经过110℃至少3分钟的加热处理。

②饼、粕类：也叫油饼类，是油料作物的籽实提取

①蛋白质饲料：凡饲料干物质中粗蛋白质含量超过20%，粗纤维低于18%的饲料均属蛋白质饲料。

②能量饲料：凡饲料干物质中粗蛋白质含量低于20%，粗纤维低于18%的饲料均属能量饲料。

③矿物质饲料：指可供饲用的天然矿物及工业合成的无机盐类。

油分后的副产品，包括大豆饼、菜籽饼、芝麻饼和亚麻仁饼等。饼、粕类有两种生产方法，溶剂浸提法的产品通称为粕，压榨法产品则称为饼。前者蛋白质含量较高，后者能量含量较高，其他营养成分变化不大。

③豆饼和豆粕：它们是饼粕类饲料中营养价值最高的一种饲料，蛋白质含量 42%~46%。大豆饼（粕）含赖氨酸高，但蛋氨酸、胱氨酸含量相对不足，故以玉米—豆饼（粕）为基础的日粮通常需要添加蛋氨酸。一般用量占日粮的 10%~30%，但是，如果日粮中大豆饼（粕）含量过多，可能会引起雏鸡粪便黏着肛门的现象，还会导致鸡的爪垫炎。

④花生饼、粕：营养价值仅次于豆饼，适口性优于豆饼，含蛋白质 38%左右，有的饼粕含蛋白质高达 44%~47%，含精氨酸、组氨酸较多。配料时可以和鱼粉、豆饼一起使用，或添加赖氨酸和蛋氨酸。花生饼易感染黄曲霉毒素，使鸡中毒，因此，贮藏时切忌发霉，一般用量可占日粮的 15%~20%。

⑤菜籽饼、粕：蛋白质含量 34%左右，粗纤维含量约 11%。含有一定芥子甙（含硫甙）毒素，具辛辣味，食入过多鸡会因甲状腺肿大停止生长，日粮中的用量 5%~10%，经脱毒处理可增加用量。

⑥棉仁饼、粕：蛋白质含量丰富，可达 32%~42%。氨基酸含量较高。微量元素含量丰富、全面，含代谢能较低。粗纤维含量较高，约 10%，高者达 18%。棉仁饼、粕含游离棉酚，游离棉酚有一定的毒性，雏鸡对棉酚的耐受力较成鸡差。一般不宜单独使用，用量不超过日粮的 5%。生产中，添加 0.5%~1%硫酸亚铁粉可结合部分棉酚而去毒，并可提高棉仁饼的营养价值。低毒或去毒棉仁饼可增加用量，如添加少量鱼粉或蛋氨酸及赖氨酸可代替豆饼使用。

(2) 动物性蛋白质饲料

①鱼粉：鱼粉是最佳的蛋白质饲料，营养价值高，含粗蛋白质可达55%~67%，必需氨基酸含量全面，特别富含蛋氨酸、赖氨酸、色氨酸，并含有大量B族维生素和丰富的钙、磷、锰、铁、锌、碘等矿物质，还含有硒和促生长的未知因子，是其他任何饲料所不及的。但是饲喂鱼粉过多可使肌胃发生糜烂，还会使鸡肉和鸡蛋出现不良气味。鱼粉应贮存在通风和干燥的地方，否则容易生虫或腐败而引起中毒。另外，因鱼粉含大肠杆菌较多，易污染沙门氏菌，国内有关部门规定曾祖代鸡日粮不用鱼粉，祖代鸡不用或少用。一般用量占日粮的2%~8%。

②肉骨粉：肉骨粉是屠宰场或病死畜尸体等成分经高温、高压处理后脱脂干燥制成。营养价值取决于所用的原料，饲用价值比鱼粉稍差，含蛋白质45%左右，含脂肪较高。最好与植物蛋白质饲料混合使用，雏鸡日粮用量不要超5%，成鸡可占5%~10%。肉骨粉容易变质腐败，喂前应注意检查。

③蚕蛹粉、蚯蚓粉：全脂蚕蛹粉含粗蛋白质约54%。粗脂肪约22%。脱脂蚕蛹粉含粗蛋白质约64%，粗脂肪约4%，维生素B_2含量较多。蚯蚓粉含蛋白质可达50%~60%，必需氨基酸组成全面，脂肪和矿物质含量较高，加工优良的蚯蚓粉饲喂效果与鱼粉相似。鲜蚯蚓喂鸡效果更佳。蚓粪含蛋白质也较多，还含有未知因子，可促进生长。

④羽毛粉：水解羽毛粉的加工大多是高压蒸煮后烘干粉碎制成，含蛋白质近80%，含有较多的含硫氨基酸，但赖氨酸、色氨酸和组氨酸含量低，作为蛋白质补充饲料，使用量一般限制在2.5%左右。

⑤血粉：是动物鲜血经蒸煮、压榨、干燥或浓缩喷

雾干燥或用发酵法制成，呈黑褐色，其粗蛋白质含量达80%以上，但其蛋白质可消化性较其他动物性饲料差，适口性不好。血粉氨基酸的含量很不平衡，赖氨酸非常多，但异亮氨酸、蛋氨酸缺乏，钙、磷含量很少。铁含量很高，每千克血粉可含铁1 000毫克。

能量饲料 这类饲料富含淀粉、糖类和纤维素，包括谷实类、糠麸类、块根、块茎和瓜类，以及油、糖蜜等，是肉鸡饲料主要成分，用量占日粮的60%左右。

(1) 谷实类 谷实类饲料富含淀粉、糖类，能值高，蛋白质和必需氨基酸含量不足，粗蛋白质含量一般为8%~14%，特别是赖氨酸、蛋氨酸和色氨酸含量少。钙少磷多，但多为不可利用的植酸磷。缺维生素A和维生素D。

①玉米 是鸡最主要的饲料之一，在日粮中，用量可达50%~70%。代谢能在植物性饲料中最高，高达12.55~14.10兆焦/千克，粗蛋白质含量8.0%~8.7%，粗脂肪3.3%~3.6%，亚油酸含量丰富，无氮浸出物70.7%~71.2%，粗纤维素1.6%~2.0%，适口性强，易消化。黄玉米一般每千克含维生素A 3 200~4 800国际单位（IU），白玉米维生素A的含量仅为黄玉米含量的1/10。黄玉米还富含叶黄素，是蛋黄和皮肤、爪、喙黄色的良好来源。玉米的缺点是蛋白质含量低，且品质较差，色氨酸（0.07%）和赖氨酸（0.24%）含量不足，钙（0.02%）、磷（0.27%）和B族维生素（维生素B_1除外）含量亦少。玉米易感染黄曲霉菌，贮存时水分应<13%。

②小麦 含能量约为玉米的90%，约12.89兆焦/千克，蛋白质多，氨基酸比例比其他谷类完善，B族维生素也较丰富。适口性好，易消化，可以作为鸡的主要能

量饲料，一般可占日粮的30%左右。但因小麦中不含类胡萝卜素，如对鸡的皮肤和蛋黄颜色有特别要求时，适当予以补充。小麦的 β－葡聚糖和戊聚糖[①]比玉米高，会影响鸡对饲料的利用率，在饲料中添加 β－葡聚糖酶和戊聚糖酶可改善肉鸡饲料转化率。小麦的蛋白质和氨基酸含量受遗传和环境影响较大，一般粗蛋白质含量为12%~15%。

③大麦　碳水化合物含量稍低于玉米，蛋白质含量约 12%，稍高于玉米，品质也较好，赖氨酸含量高(0.44%)。适口性稍差于玉米和小麦，但如粉碎过细、用量太多，因其黏滞，鸡不爱吃。粗纤维含量较多，烟酸含量丰富，日粮中的用量以 10%~20%为宜。大麦的 β－葡聚糖和戊聚糖含量较多，在饲料中添加相应的酶制剂[②]可改善肉鸡的增重和饲料转化率，限制饲养的肉种鸡每日下午或停料日，每只鸡喂给约 10 克大麦或燕麦效果好。

(2) 糠麸类　糠麸类含无氮浸出物较少，粗纤维含量较多，含磷量高，但主要是植酸磷（约 70%），鸡对此利用率很低，B 族维生素含量丰富。由于这类饲料营养特点，主要用于种鸡和育成鸡。

①麦麸　小麦麸蛋白质、锰和 B 族维生素含量较多，适口性强，为鸡最常用的辅助饲料。但能量低，代谢能约为 6.53 兆焦 / 千克，粗蛋白质约为 13%~15%，粗脂肪 3.9%，无氮浸出物 53.6%~71.2%，粗纤维 8.9%，灰分 4.9%，钙占 0.11%，磷 0.92%，但其中植酸磷含量高达 0.68%，含有效磷 0.24%，麦麸纤维含量高，容积大，属于低热能饲料，不宜用量过多，一般可占日粮的 3%~15%。

②米糠　营养特点与麦麸类似，含脂肪、纤维较多，富含 B 族维生素，用量太多易引起消化不良，常作辅助

①β－葡聚糖和戊聚糖：属不能被鸡消化、利用的非淀粉多糖，除此还有木聚糖、甘露聚糖等。

②酶制剂大致可分为消化酶和非消化酶两种。消化酶如蛋白酶、淀粉酶和脂肪酶等，用于补充体内酶的不足。非消化酶大多是由微生物发酵产生，用于消化畜禽自身不能消化的物质如纤维素酶、半纤维素酶、植酸酶、果胶酶、葡聚糖酶等。

饲料，一般可占鸡日粮的5%~10%。

③油脂　动物脂肪和油脂是含能量最高的饲料，动物油脂的代谢能为32.2兆焦/千克，植物油脂的代谢能为36.8兆焦/千克，适合于配合高能日粮。在饲料中添加动、植物油脂可提高生产性能和饲料利用率。肉用仔鸡日粮中一般可添加2%~5%。

矿物质饲料

(1) 含钙饲料　贝壳粉、石灰石粉、蛋壳粉均为钙的主要来源，其中贝壳粉最好，含钙多，易被鸡吸收，饲料中的贝壳粉最好有一部分碎块。石灰石粉含钙也很高，价格便宜，但有苦味。石粉中镁的含量不得过高（不超过0.5%），还要注意铅、砷、氟的含量不超过安全系数。蛋壳经过清洗煮沸和粉碎之后，也是较好的钙质饲料。此外，石膏（硫酸钙）也可作钙、硫元素的补充饲料，但不宜多喂。

(2) 富磷饲料　骨粉、磷酸钙、磷酸氢钙是优质的磷、钙补充饲料，其中骨粉和磷酸氢钙最常用。磷酸氢钙等磷酸盐中含有氟和砷等杂质，未经处理不宜使用。骨粉用量为一般占日粮1%~2.5%，磷酸盐一般占1%~1.5%，磷矿石一般含氟量高并含其他杂质应做脱氟处理。饲用磷矿石含氟量一般不宜超过0.04%。

(3) 食盐　食盐为钠和氯的来源，雏鸡用量占日粮的0.25%~0.3%，成鸡占0.3%~0.4%，如日粮中含有咸鱼粉或饮水中含盐量高时，应弄清含盐量，在配合饲料①中减少食盐用量或不加。

(4) 其他辅助矿物质　沙砾有助于肌胃的研磨力，有研究表明，现在用低纤维、高能饲粮养鸡，喂沙砾可减少肌胃腐蚀的发生。不喂沙砾时，雏鸡啄食垫草或羽毛，损伤肠道，日粮中一般添加0.5%~1%的沙砾，也可单独补饲。

①配合饲料：根据动物的不同生长阶段、不同生理要求、不同生产用途的营养需要，按科学配方把不同来源的饲料原料，依一定比例均匀混合，并按规定的工艺流程生产以满足各种实际需求的饲料。

麦饭石、沸石和膨润土不仅含有常量元素，还富含微量元素，并且由于它们结构的特殊性，容易被动物所吸收利用，因而可提高鸡的生产性能。饲料中添加2.5%~5%麦饭石、5%沸石或1.5%~3%的膨润土，对提高鸡的生产性能和饲料转化率均有良好效果。此外，它们还具有较强的吸附性，如沸石和膨润土有减少消化道氨浓度的作用。

饲料添加剂分类　添加剂可以提高饲料的利用率，促进家禽生长，预防某些疾病，减少饲料贮藏期间营养物质的损失，改进家禽产品的品质等。习惯上，饲料添加剂可分为营养性添加剂和非营养性添加剂两大类。

- 营养性添加剂
  - 微量元素添加剂
  - 维生素添加剂
  - 氨基酸添加剂
- 非营养性添加剂
  - 促生长添加剂
  - 驱虫保健剂
  - 饲料保存剂
  - 酶制剂
  - 益生素
  - 中草药饲料添加剂
  - 饲料加工保存添加剂

(1) 微量元素添加剂　通常需要补充的微量元素有铁、铜、锰、锌、钴、碘、硒等。硫酸盐是微量元素添加剂的常用原料，因为硫酸盐利用率高，还可使蛋氨酸增效10%左右。

(2) 维生素添加剂　家禽对于维生素的需要量，除考虑饲养标准规定的营养需要外，还应考虑日粮组成、饲养方式、环境条件、家禽体质与健康状况、应激情况、饲料中维生素利用率、饲料加工贮藏的损失等。如放牧饲养的家禽，青料比较充足时，维生素可以少添加或不添加；接种疫苗、转群、断喙和有疫病时，要加大维生素添加量。一般使用的维生素添加剂有：维生素 A（粉状）、维生素 D（粉状）、α－生育酚（粉状）、维生素 K_3、盐酸硫胺素、核黄素、盐酸吡哆醇、烟酸、烟酰胺、D－泛酸钙、氯化胆碱、叶酸、维生素 B_{12}、L－抗坏血酸钙，D－生物素。

(3) 氨基酸添加剂　补充饲料中限制性氨基酸的不足。例如，以玉米、豆饼为主的日粮添加蛋氨酸，可以节省动物性饲料用量；大豆饼不足的日粮添加蛋氨酸和 L－赖氨酸，可以大大强化饲料的蛋白质营养价值。目前，人工合成的氨基酸主要有蛋氨酸、赖氨酸和苏氨酸。

(4) 抗生素添加剂　主要作用是刺激家禽生长，提高家禽对饲料的利用能力，防治疾病，保障家禽健康生长。常用于鸡的抗生素添加剂有盐霉素、土霉素和杆菌肽等。但长期应用抗生素可能会使病原菌产生耐药性，如大肠杆菌、葡萄球菌、沙门氏菌等过去并不严重或较少发生的细菌病，现已成为家禽的主要传染病，这与长期滥用抗生素有关系；在动物机体内残留，造成人和动物的免疫力下降；可能会抑制或杀死体内的有益菌群，造成机体内菌群失调。因此，抗生素添加剂应该合理应用：①正确选用抗生素类添加剂，尽量选择安全性较高、无致突变、致畸变及致癌变等副作用，残留较低的抗生素品种；②轮换应用抗生素；③应严格控制抗生素的使用期限及停药期。目前，我国开发出的抗生素替代品有很多，如酶制剂、微生态制剂①、寡聚糖②、中草药制剂等，均取得了较好的应用效果。

(5) 驱虫保健剂　主要是指添加于肉用仔鸡和其

①微生态制剂：也叫活菌制剂、益生素，是利用正常微生物或促进微生物生长的物质制成的活的微生物制剂。也就是说，一切能促进正常微生物群生长繁殖的及抑制致病菌生长繁殖的制剂都称为“微生态制剂”。

②寡聚糖又称低聚糖，虽然不能被动物吸收利用，但能被机体肠道内有益菌利用而使其大量繁殖，抑制有害菌生长繁殖。可起到促进动物生长、提高饲料利用率、预防疾病、提高机体免疫力的作用。

他雏鸡的抗球虫药。国内外用以防治球虫的添加剂有几十种之多，大部分药物均产生不同程度的抗药性，因此，常轮番使用几种抗球虫药（称之为穿梭程序用药法）能收到较好效果。抗生素添加剂和驱虫保健剂属药物性饲料添加剂，一定要严格按照国家规定添加使用。

(6) 防霉剂　防止饲料霉变的根本措施是保证原料干燥、控制贮藏条件，尽量缩短贮藏期，加速饲料周转等。目前，我国南方使用的防霉剂多是进口商品，如丙酸、丙酸钙、丙酸钠、克饲霉、霉敌等。

(7) 抗氧化剂　饲料中的脂肪和脂溶性维生素与空气接触容易氧化，添加了抗氧化剂就可防止这种情况发生。目前，使用化学合成方法制造的抗氧化剂有乙氧基喹啉（简称山道喹）、丁基化羟基甲苯（简称 BHT）和丁基化羟基甲氧基苯（简称 BHA）等，用量均在 150 毫克 / 千克以下。此外，还有抗坏血酸、五倍子酸酯、丙基五倍子酸盐、维生素 E 等。

(8) 调味剂　为提高饲料的适口性与商品性，常在饲料中加入少量香料，常用香料有香草醛乳酸丁酯、乳酸乙酯、蒜油、葱油、茴香油等。

(9) 着色剂　在缺乏青饲料的大群饲养中，为保证三黄肉鸡金黄的色泽，就需要在饲料中添加少量着色剂。目前使用的着色剂是人工合成的色素，主要是叶黄素，也就是叫做胡萝卜醇的黄色素，如巴斯夫公司的露康定。

(10) 其他添加剂　有颗粒黏结剂、防结块剂、防尘剂、防湿剂等。比如，膨润土和膨润土钠，具有较高的吸水性，可以做饲料制粒黏结剂；硅酸钙，硅酸铝钠和二氧化硅用在各种饲料与添加剂中，有防止结块保证物料流动的功能；蛭石孔隙大，比重小，可作为液体抗氧化剂乙氧喹的吸附剂；矿物油添加于微量元素及预混合物中，除了有黏附作用有助于混合均匀外，还能起隔水作用。

2. 肉鸡的配合饲料

按营养成分分类 各种配合饲料之间的关系见图 3–1。

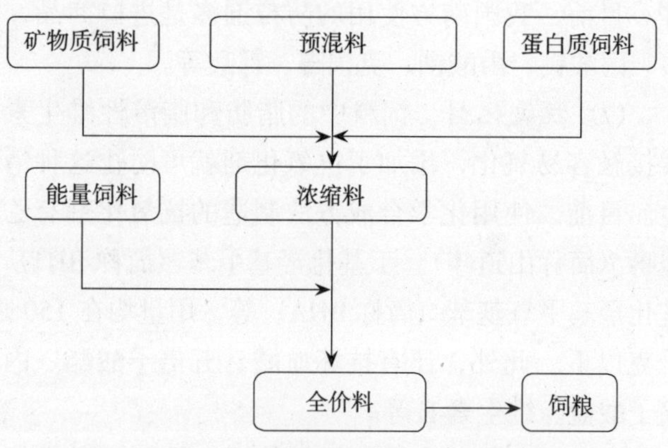

图 3–1 各类配合饲料之间的关系

（1）全价料 又称全价配合饲料，能够全面满足饲喂对象的营养需要，不需要另外添加任何营养性物质的配合饲料，可以直接饲喂畜禽。

（2）浓缩料 把全价饲料中的能量饲料去除后的饲料。它是由蛋白质饲料、矿物质饲料与添加剂预混料按一定比例混合而成。不能直接用于喂鸡，需按生产厂家的说明与能量饲料的配合混匀后可应用，通常占全价配合饲料的 20%~40%。

（3）预混料 又称添加剂预混料，一般由各种添加剂及载体混合而成，是一种饲料半成品，可供生产浓缩饲料和全价饲料使用，其添加量为全价饲料的

0.5%~10%，不能直接饲喂动物，是配合饲料的核心。预混料的种类有：单项预混合饲料，包括单一维生素、单一微量元素、单一的药物、多种维生素预混料、多种微量元素预混料；复合预混合饲料，即由微量元素、维生素及其他成分混合在一起的预混料。

按动物种类、生理阶段分类 鸡的配合饲料分为肉鸡料、蛋鸡料及种鸡料三种。肉仔鸡的饲料配方目前有两种形式，即两段式和三段式饲养。一般三段式划分方法是0~3周为前期、4~6周为中期、7周到上市为后期；两段式的划分是0~4周为前期，5周到出售为后期。

按饲料物理形状分类 按饲料形状可分为粉料、颗粒料和碎裂料，这些不同形状的饲料各有其优缺点，可酌情选用其中的一种或两种。肉仔鸡2周内喂粉料或碎粒料，3周龄上后喂颗粒料，肉种鸡喂碎粒料。

(1) 粉料 是目前国内最常见的一种饲料形态，它是将饲料原料磨碎后，按一定比例与其他成分和添加剂混合均匀而成。适用于各种类型和日龄的鸡。鸡可以吃到营养较完善的饲料，但粉料的缺点是易引起挑食，使鸡的营养不平衡，且易飞扬散失，使舍内粉尘较多，造成饲料浪费。粉料的细度应在1~2.5毫米，磨得过细，鸡不易下咽，适口性变差。

(2) 颗粒料 粉料通过颗粒压制机压制成的块状饲料，形状多为圆柱状。颗粒饲料的优点是适口性好，可避免挑食，保证了饲料的全价性；鸡可全部吃净，不浪费饲料，饲料报酬高，一般可比粉料增重5%~15%；制造过程中经过加压加温处理，破坏了部分有毒成分，起到了杀虫、灭菌作用，有利于淀粉的糊化，提高了利用率。但饲料的加工成本提高。

(3) 碎裂料（粗屑料） 碎裂料是颗粒料经过碎料机加工而成，其大小介于粉料和粒料之间，它具有颗粒料的一切优点，特别适于作 1 日龄雏鸡的开食饲料。

3. 肉鸡的饲料配合

饲料配合的原则

(1) 科学性 应选用适宜的饲养标准和饲料成分表，我国已经有的饲养标准，可以参照使用，有品种专用标准的用专用标准。在确定肉鸡对主要营养物质的需要时，可以结合鸡群生产水平和生产实践经验，对饲养标准某些营养指标进行上下 10%的调整。

(2) 饲料多样性 多种饲料合理搭配，可以发挥各种营养物质的互补作用，提高饲粮的利用率和营养价值。各类饲料的肉仔鸡日粮中比例大致如下：谷物饲料 50%~70%，糠麸类 5%以下，植物性蛋白质饲料 15%~25%，动物性蛋白质饲料 2%~7%，矿物质饲料 1%~2%，添加剂 1%，油脂为 1%~4%。

(3) 安全性 制作饲料配方选用的各种饲料原料，包括饲料添加剂在内，必须注意安全，充分考虑饲料原料中的有毒和抗营养物质，保证质量。

(4) 实用性和经济性 制作饲料配方必须保证较高的经济效益，以获得较高的市场竞争力。为此，应因地制宜，充分开发和利用当地饲料资源，选用营养价值较高而价格较低的饲料，尽量降低配合饲料的成本。

饲料配方配合步骤

设计饲料配方的步骤见图 3–2。

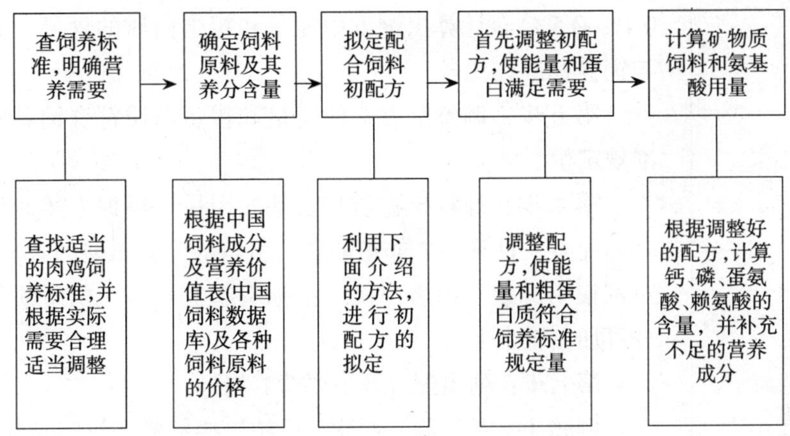

图 3-2　设计饲料配方的步骤

饲料配方的设计方法

(1) *试差法*　是目前国内较普遍采用的方法之一，又称凑数法。这种方法简单易学，学会后就可以逐步深入，掌握各种配料技术，因而广为利用。它的优点是可以考虑多种原料和多个营养指标。缺点是计算量大，相对成本可能较高。具体做法分为如下七步：

第一步：找到所需资料。肉鸡饲养标准、中国饲料成分及营养价值表（中国饲料数据库）、各种饲料原料的价格。

第二步：查饲养标准。并根据实际需要合理适当调整。

第三步：根据饲料成分与营养价值表查出所用各种饲料的养分含量。

第四步：按能量和蛋白质的需求量初拟配方。根据饲养工作实践经验或参考其他配方，初步拟定日粮中各种饲料的比例。肉仔鸡饲粮中各类饲料的比例一般为：能量饲料 60%~70%，蛋白质饲料 25%~35%，矿物质饲料等 2%~3%（其中维生素和微量元素预混料一般各为

0.1%~0.5%)。计算出配方中能量和粗蛋白质的含量，并与饲养标准作比较。

第五步：调整配方，使能量和粗蛋白质符合饲养标准规定量。

第六步：计算矿物质和氨基酸用量。根据上述调整好的配方，计算钙、非植酸磷、蛋氨酸、赖氨酸的含量。对饲粮中能量、粗蛋白质等指标引起变化不大的所缺部分可加在玉米上。

第七步：列出配方及主要营养指标。

例题 1：用玉米、麦麸、豆粕、棉籽粕、进口鱼粉、石粉、磷酸氢钙、食盐、维生素预混料和微量元素预混料，配合 0~3 周龄肉仔鸡饲粮。

第一步：确定 0~3 周龄肉仔鸡饲养标准，见表 3–1。

表 3 - 1　肉仔鸡饲养标准

0～3 周	鸡代谢能（兆焦/千克）	粗蛋白（%）	钙（%）	磷（%）	胱氨酸（%）	蛋氨酸（%）
需要量	12.5	21.5	1.0	0.45	1.15	0.5

第二步：根据饲料成分表查出各种饲料的营养成分，见表 3–2。

第三步：初拟配方。根据实践经验和营养原理，初步拟定饲粮中各种饲料的比例。并根据初配方计算代谢能和粗蛋白的含量，见表 3–3。

表 3 - 2　饲料的养分含量

0～23 天	鸡代谢能（兆焦/千克）	粗蛋白（%）	钙（%）	磷（%）	胱氨酸（%）	蛋氨酸（%）
玉米	13.47	8.5	0.07	0.17	0.22	0.18
小麦麸	6.82	15.2	0.25	0.62	0.26	0.13
豆粕	9.62	43.8	0.31	0.34	0.6	0.64

（续）

0～23天	鸡代谢能（兆焦/千克）	粗蛋白（%）	钙（%）	磷（%）	胱氨酸（%）	蛋氨酸（%）
油脂	37					
鱼粉	11.8	62.5	3.96	3.05	0.52	1.64
磷酸氢钙			23	18		
石粉			35	0.11		

表3-3　初拟配方

原料	饲粮组成（%）①	代谢能（兆焦/千克）		粗蛋白（%）	
		饲料原料中②	饲粮中①×②	饲料原料中③	饲粮中①×③
玉米	61	13.47	8.22	8.5	5.19
油脂	3	37	1.11		
豆粕	29	9.62	2.79	43.8	12.71
鱼粉	5	11.8	0.59	62.5	3.12
合计	98		12.7		21.02

计算得到代谢能浓度比标准高0.2兆焦/千克，粗蛋白质低0.48%。

第四步：调整配方，使能量和粗蛋白质符合饲养标准规定量。采用方法是降低配方中某一饲料的比例，同时增加另一饲料的比例，二者的增减数相同，即用一定比例的某一种饲料代替另一种饲料。选择豆粕代替玉米，每代替1%可使能量降低0.038 5兆焦/千克，粗蛋白质升高0.353%。（初拟配方中代谢能浓度比标准高0.2兆焦/千克，粗蛋白质低0.48%），可用0.48%÷0.353%=1.5%的豆粕代替玉米。

调整后配方中所含代谢能、粗蛋白基本满足需要，钙、磷、赖氨酸、蛋氨酸含量计算结果见表3-4。

表 3-4　调整后配方

原料	饲粮组成（%）	代谢能（兆焦/千克）	粗蛋白（%）	钙（%）	磷（%）	胱氨酸（%）	蛋氨酸（%）	赖氨酸（%）
玉米	59.5	8.01	5.06	0.04	0.10	0.13	0.11	0.14
豆粕	30.5	2.93	13.37	0.09	0.10	0.18	0.2	0.75
油脂	3	1.11						
鱼粉	5	0.59	3.13	0.20	0.18	0.03	0.08	0.29
合计		12.6	21.55	0.33	0.36	0.34	0.49	1.15
与标准比较		+0.1	+0.01	−0.67	0.09	−0.07	−0.01	0

根据配方计算结果知：钙比标准低 0.67%，磷低 0.09%；蛋氨酸和胱氨酸比标准低 0.08%。

先用磷酸氢钙来满足磷，需磷酸氢钙 0.09% ÷ 18% =0.5%。0.5%磷酸氢钙提供钙：23.3% × 0.05% = 0.12%，钙还差 0.67%–0.12%= 0.55%，可用含钙 36%的石粉补充，0.55% ÷ 36%=1.5%。

另外，还要添加 0.3%的食盐，0.08%的蛋氨酸，比例合计为 100.7%，因能量偏高，可减去 0.7%的玉米。

第五步：列出最终配方及主要营养指标（表 3-5）。

试差法做配方的几点说明：整体来说，配方营养浓度应稍高于饲养标准，配方设计者可以确定一个最高的超出范围，如 1%或 2%等。初拟配方时，可先将

表 3-5　最终配方及所含营养成分

原　料	配比（%）	成　分	养分含量
玉米	58.8	代谢能（兆焦/千克）	12.55
油脂	3	粗蛋白质（%）	21.51
豆粕	30.5	钙（%）	0.97
鱼粉	5	磷（%）	0.45
石粉	1.5	赖氨酸（%）	1.15
磷酸氢钙	0.5	蛋氨酸+胱氨酸（%）	0.90

（续）

原　　料	配比（%）	成　　分	养分含量
食盐	0.3		
蛋氨酸	0.08		
维生素预混料	0.02		
微量元素预混料	0.2		
合计	100		

矿物质、食盐及预混料的用量确定；对原料的营养特性要有一定了解，确定有毒素、营养抑制因子等原料的用量，通过观察对比各原料的营养成分，确定用来相互替代的原料；调整配方时，先以能量和蛋白质为目标进行，然后考虑矿物质和氨基酸；矿物质不足时，首先以含磷高的原料满足磷的需要，再计算钙的含量，不足的钙以高钙饲料原料如石粉补充不足；氨基酸不足时，以合成氨基酸补充，但要考虑氨基酸产品的含量和效价，超出的氨基酸如果不是太高，可以不做调整。

(2) *方块法*　又称四角法、方形法、对角线法或图解法。在饲料种类不多及营养指标少的情况下，采用此法。

第一步：划一方形方框，并把选定的营养素需要标准数据放在方框内两对角的交叉点上。

第二步：在方框左边两角外侧分别写上两种饲料中相应营养素的含量。

第三步：对角线交叉点上的数与左边角外侧的数相减（大数减小数），减后的结果数写在相应对角线的另一角外侧。

第四步：将右边两角外侧的数分别去除以这两个角外侧的数相加后的和，结果便是对应于左边角外侧数据代表饲料的配合比例。

例题 2：用玉米、豆粕为主给 0~3 周龄的肉仔鸡配制饲料。

第一步查饲养标准或根据实际经验及质量要求制定营养需要量，得知 0 ~ 3 周龄的肉仔鸡要求饲料的粗蛋白质一般水平为 21%。

第二步取样分析或查饲料营养成分表，玉米粗蛋白为 8%，豆粕粗蛋白为 45%。

第三步作十字交叉图

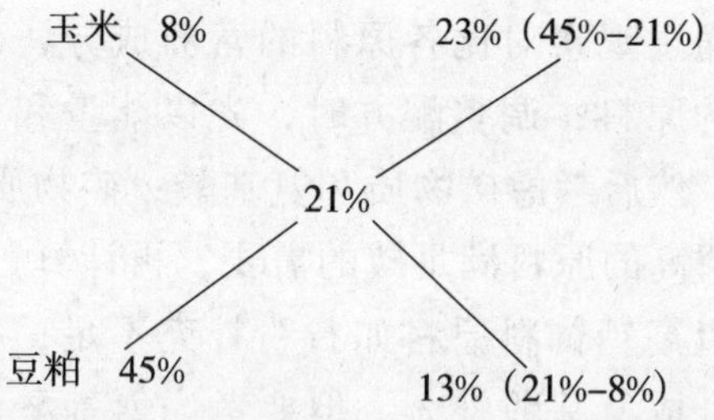

第四步计算的各差数，分别除以这两差数的和，就得两种饲料混合的百分比。玉米占配合饲料的比例为：23% ×100%/（23%+13%）= 63.9%。豆粕占配合饲料的比例：13% × 100% /（23%+13%）= 36.1%

此种情况应注意两种饲料养分含量必须分别高于和低于所求的数值。

例题 3：用玉米、高粱、小麦麸、豆粕、棉籽粕、菜籽粕和矿物质饲料（骨粉和 0.3%食盐）为 0~3 周龄的肉仔鸡配成含粗蛋白质为 21%的混合饲料。

根据经验和养分含量把以上饲料分成比例已定好的三组饲料：

混合能量饲料组：玉米、高粱、小麦麸；

混合蛋白质饲料组：豆粕、棉籽粕、菜籽粕；

矿物质饲料组：骨粉和食盐。

第一步：明确用玉米、高粱、小麦麸、豆粕、棉籽粕、菜籽粕和矿物质饲料粗蛋白质含量（%），见表3–6。

表 3-6 各原料粗蛋白质含量

饲料	玉米	高粱	麦麸	豆粕	棉籽粕	菜籽粕	矿物质
粗蛋白	8.5	9.0	14.3	44.0	43.5	38.6	0

第二步：按类分别算出能量和蛋白质饲料组粗蛋白质的平均含量。

混合能量饲料组：玉米65%（粗蛋白8.5%）、高粱15%（粗蛋白9%）、麦麸20%（粗蛋白14.3%），因此粗蛋白为：

$65\% \times 8.5\% + 15\% \times 9\% + 20\% \times 14.3\% = 9.7\%$

蛋白质饲料组：豆粕75%（粗蛋白44%）、棉籽粕15%（粗蛋白43.5%）、菜籽粕10%（粗蛋白38.6%），因此粗蛋白为 $75\% \times 44\% + 15\% \times 43.5\% + 10\% \times 38.6\% = 43.4\%$。

矿物质饲料一般占混合料的2%（根据经验确定），其成分为骨粉和食盐。按饲养标准食盐宜占混合料的0.3%，则食盐在矿物质饲料组中应占15%，即（$0.3 \div 2 \times 100\%$），骨粉则占85%。

第三步：算出未加矿物质饲料前混合料中粗蛋白质的应有含量。

先将矿物质饲料用量从总量中扣除，以便按2%添加后混合料的粗蛋白质含量仍为21%。即未加矿物质饲料前混合料的总量为 $100\% - 2\% = 98\%$，那么未加矿物质饲料前混合料的粗蛋白质含量应为：$21\% \div 98\% \times 100\% = 21.4\%$。

第四步：将混合能量料和混合蛋白质料当作2种料，做交叉。

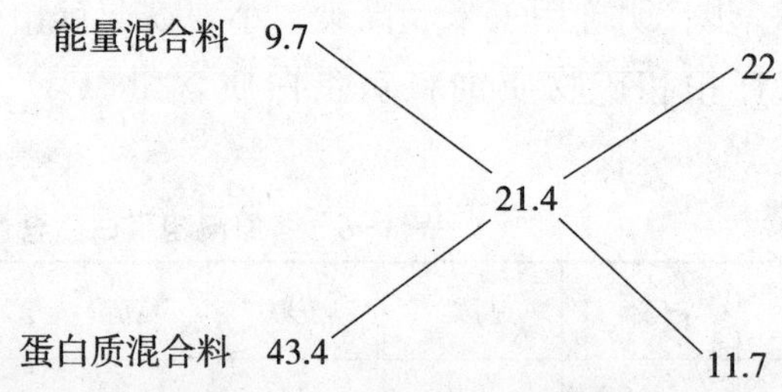

混合能量饲料应占比例=22/（22+11.7）×100%=65.3%

混合蛋白质料应占比例=11.7/（22+11.7）×100%=34.7%

第五步：计算出混合料中各成分应占的比例。即：

玉米应占65%×0.653×0.98=41.6%，以此类推，高粱占9.6%、麦麸14.1%、豆粕25.5%、棉籽粕5.1%、菜籽粕3.4%、骨粉1.7%、食盐0.3%，合计100%。

(3) *代数法* 又称联立方程法，是根据已知条件列出方程组，然后求解的方法。原则上说，代数法可用于任意种饲料配合的配方计算，但是饲料种数越多，手算的工作量越大，甚至不可能用手算。而且求解结果可能出现负值，无实际意义。所以常用两种饲料的代数法求解。具体方法如下：

第一步：选择一种营养需要中最重要的指标作为配方计算的标准。如粗蛋白或能量。

第二步：确定所选两种饲料的相应营养素含量。

第三步：根据已知条件列出二元一次方程组，方程组的解即为此二种饲料的配合比例。

例题4：要配制含20%粗蛋白质的配合饲料，现有含粗蛋白质10%的能量饲料（其中玉米占80%，麸皮占

20%）和含粗蛋白质 36%的蛋白质补充料。

第一步：设混合饲料中能量饲料占 X，蛋白质补充料占 Y。得：$X+Y=1$

第二步：能量混合料的粗蛋白质含量为 10%，补充饲料含粗蛋白质为 36%，要求配合饲料含粗蛋白质为 20%。得：$10\%X+36\%Y=20\%$

第三步：列联立方程：

$$\begin{cases} X+Y=1 \\ 10\%X+36\%Y=20\% \end{cases}$$

第四步：解联立方程，得出：

$X=62.5\%$

$Y=38.5\%$

第五步：求玉米、麸皮在配合饲料中所占的比例：

玉米占比例 = 62.5% × 80% = 50%

麸皮占比例 = 62.5% × 20% = 12.5%

因此，配合饲料中玉米、麸皮和蛋白质补充料各占 50%、12.5%及 38.5%。

快大型肉鸡典型饲料配方示例

(1) 肉雏鸡（1~3 周）的饲料配方

①玉米 55.3%，豆粕 38%，磷酸氢钙 1.4%，石粉 1%，食盐 0.3%，油 3%，添加剂 1%。

②玉米 54.2%，豆粕 34%，菜粕 5%，磷酸氢钙 1.5%，石粉 1%，食盐 0.3%，油 3%，添加剂 1%。

③玉米 55.2%，豆粕 32%，鱼粉 2%，菜粕 4%，磷酸氢钙 1.5%，石粉 1%，食盐 0.3%，油 3%，添加剂 1%。

(2) 肉中鸡（4~6 周）的饲料配方

①玉米 58.2%，豆粕 35%，磷酸氢钙 1.4%，石粉 1.1%，食盐 0.3%，油 3%，添加剂 1%。

②玉米57.2%，豆粕31.5%，菜粕5%，磷酸氢钙1.3%，石粉1.2%，食盐0.3%，油2.5%，添加剂1%。

③玉米57.7%，豆粕27%，鱼粉2%，菜粕4%，棉粕3%，磷酸氢钙1.3%，石粉1.2%，食盐0.3%，油2.5%，添加剂1%。

(3) 肉大鸡（7周至出栏）的饲料配方

①玉米60.2%，麦麸3%，豆粕30%，磷酸氢钙1.3%，石粉1.2%，食盐0.3%，油3%，添加剂1%。

②玉米59.2%，麦麸2%，豆粕22.5%，菜粕9.5%，磷酸氢钙1.3%，石粉1.2%，食盐0.3%，油3%，添加剂1%。

③玉米60.7%，豆粕21%，鱼粉2%，菜粕4.5%，棉粕5%，磷酸氢钙1.3%，石粉1.2%，食盐0.3%，油3%，添加剂1%。

四、商品肉鸡的健康养殖技术

目标
- 了解不同类型肉鸡的生长阶段划分及饲养方式
- 掌握各个饲养阶段的关键技术
- 了解优质肉鸡的放牧饲养

1.概况

不同类型肉鸡的生长阶段的划分 从管理上来说，商品肉鸡的整个饲养期分为以下三个阶段：育雏期（第一阶段）、生长期（第二阶段）和育肥期（第三阶段），不同类型的生长阶段划分见表 4-1。需要说明的是，这种阶段划分是相对的，具体饲养管理措施要根据具体饲养周期、鸡群发育状况、环境条件综合确定。比如，中速型优质肉鸡可参照表 4-1 的生长阶段划分，而慢速型优质肉鸡的饲养期一般在 13 周龄以上，两广地区甚至要达到 17 周龄以上，育肥期一般掌握在出栏前 3~4 周即可。

表 4-1　不同类型肉鸡生长阶段划分

肉鸡类型 \ 生长阶段	育雏期	生长期	育肥期
快大型肉鸡 快速型优质肉鸡	0～3 周龄	4～6 周龄	7 周龄至出栏
优质肉鸡	0～5 周龄	6～8 周龄	9 周龄至出栏

从饲料营养上说，目前快大型肉仔鸡饲养标准主要是三段制，中国行业标准（2004）、美国 NRC 标准（1994）、艾维茵肉仔鸡、AA（爱拔益加）饲养标准参考表 2-6。考虑到最后一周禁止使用药物和快速催肥的需要，也有公司将出售前周单设一阶段，从而实行四段制饲养。优质肉鸡饲养期相对较长，可以参照快大型肉仔鸡相应增加每个阶段的时间。

饲养方式 肉用鸡的饲养方式很多，主要包括地面垫料平养、网上平养、笼养等。优质肉鸡还可以采用放牧饲养方式，本节将给予专门讲述。

（1）地面垫料平养 见图 4-1。把鸡养在铺有碎稻草、锯末、稻壳、麦秸、碎玉米棒等垫料的地面上，垫料厚约 10～20 厘米，饲养过程中视污染程度翻垫料成补加垫料。肉鸡出售后将垫料和鸡粪一次性清除，这种方法在我国北方如华北、东北、西北以及西南山区等地应用较多。此方法的优点是设备简单，成本低，胸囊肿及腿病的发病率低；缺点是饲料浪费严重，而且垫料需要量大，占地面积大，污染严重，易发生鸡白痢及鸡球虫病等。

图 4-1 地面垫料平养规模化鸡舍（左）和简易棚舍（右）

(2) 网上平养　见图 4-2。把鸡养在离地 50 ~ 60 厘米高的铁丝网或塑料网上，鸡粪通过网眼落到地上。人工清粪时网床离地高些便于清粪操作，也可以设置自动刮粪系统及时清理粪便，也有的饲养结束后一次性清除。此方法兼备了地面垫料平养和笼养的优点，可节省大量垫料，鸡不与粪便接触，减少了消化道疾病的再感染，特别对球虫病的控制有显著效果，成活率高，增重快，对专业养殖户和一般肉鸡场较适用，在我国很多地方推广使用。缺点是投资成本大。

图 4-2　网上平养

(3) 笼养　见图 4-3、图 4-4。从育雏、育成到出栏一直在笼内饲养，目前肉鸡的笼养应用还不是很普遍。此方法的优点是可提高饲养密度[①]和鸡舍利用率，饲料报酬高，便于粪便收集；鸡舍内清洁，鸡只不与粪便接触，能防止或减少球虫病的发生，而且有利于实行机械化操作；而且笼养限制了肉鸡的活动范围，减少了能量消耗，节约饲料。缺点是设备投资大，胸囊肿和腿病的发生率高。

①饲养密度：单位面积内饲养肉鸡的只数。

图 4-3　层叠式笼养

图 4-4　阶梯式笼养

(4) 笼养和平养相结合　我国不少地区的养殖户，在育雏期实行笼养方式，而育成、育肥期转到地面平养。育雏期鸡舍内需要较高的温度，此阶段采用多层笼养方式育雏，占地面积小，鸡舍利用率高，环境温度比较容易控制，可以节省能源。育雏结束后转到地面饲养，降低胸部和腿部疾病发生率，因此笼养和平养的结合兼顾了两种饲养方式的优点，此方法对小批量饲养肉鸡具有推广价值。

2.进雏前的准备

鸡舍清洗消毒　进雏前要将鸡舍彻底打扫干净，对鸡舍用品、用具（包括地面、门窗、墙壁四周、窗户和天花板等）进行彻底清洗，见图 4-5。

将可移动工具如饮水用具、供料用具等搬出舍外进行冲刷、晾晒。鸡舍内刷洗干净后，把所有用具安装到位，如料槽、小料桶等，进行鸡舍内外的消毒（图 4-6）。消毒方法参照第七章生物安全控制措施。

预温　鸡舍在雏鸡到达前 2 ~ 3 天开始预温，使舍内鸡群所在区域温度达

图 4–5　鸡舍的清洗

图 4–6　鸡舍喷雾消毒

到 33～35℃。如果是层叠式笼养，要特别注意上、下层温度差别，开始可选择温度合适区域，然后逐渐扩群。

加温可以采用暖风炉供热、煤炉加热、火道供热(图 4–7)、保温伞加热（图 4–8）等不同方式。必需指出的是，如果采用舍内煤炉等方式加热，必须采取必要的措施防止煤气中毒事故的发生。

图 4–7　火道供热

图 4–8　保温伞供热

饲料与饮水的准备

进雏前要准备好饲料、饮水。在雏鸡入舍前半天将饮水器内加好水，放置在热源旁边，使雏鸡入舍后可饮到与室温相同的温水，也可将水烧开后凉至室温，以避免雏鸡直接饮用凉水导致拉稀。水中可以添加2%～3%葡萄糖或适量电解多维以及抗菌药。

疫苗和药品的准备 按照当地兽医主管部门推荐的免疫程序免疫。如果平时购买疫苗不方便，要提前购置疫苗备用，并按照说明书规定的保存方法保存。如果具备常见病的诊断治疗能力，建议储备些常用药，避免经常到兽药店买药造成交叉感染，还可以及时治疗。

生产记录表格的准备 肉鸡饲养过程中要做好日常生产管理记录，以做到有据可查，便于总结饲养管理的经验教训和进行经济效益核算。每批鸡上鸡之前，要准备好鸡舍记录表。需要记录数据包括：鸡只来源、免疫情况、鸡群健康状况、死亡情况、用药以及发病原因、饲料来源、耗料情况等。各种记录表见表4-2～表4-9。

表4-2 引种记录

品种名称	进雏时间	数量	引种单位	详细地址	电话	种畜禽生产经营许可证号

表4-3 免疫记录

免疫时间	疫苗种类	疫苗厂家	疫苗批号	免疫方法	免疫剂量	免疫负责人

表4-4 消毒记录

消毒时间	消毒剂名称	消毒剂用量	消毒方法	消毒负责人

表 4-5　发病记录

时　间	鸡群状态	吃料变化	饮水变化	解剖症状	兽医诊断结果	建议用药	兽医签字

表 4-6　用药记录

用药时间	药物名称	生产厂家	生产批号	药物用量	使用方法	停药时间	负责人

表 4-7　死淘记录及处理方法

时　间	死淘数量	死淘原因	处理方法	处理人

表 4-8　用料记录

进料时间	进料数量	饲料名称	饲料生产厂家	饲养员

表 4-9　销售记录

出栏时间	平均出栏重	出栏数量	销售价格	销往单位、电话	销售负责人

3.育雏期的健康养殖技术

育雏期是整个饲养管理阶段最重要的技术环节，该时期出现失误，不仅造成死亡率高，雏鸡生长发育不良等后果，还会直接影响到以后的生长速度、成活率、饲料报酬，因此育雏期的饲养管理是整个饲养阶段的关键。

雏鸡的生理特点

(1) 体温调节能力差 刚出壳的雏鸡体小娇嫩，且身上只有绒毛覆盖，加上大脑调节机能差，缺乏体温调节能力，难以适应外界大的温差变化，所以育雏期要给雏鸡提供足够高的温度以维持正常的代谢。

(2) 代谢旺盛，生长发育快 育雏期是雏鸡相对生长最快的时期，抓住这个时机，提供充足的优质饲料，满足育雏期营养需要，促进雏鸡健康成长。

(3) 胃容积小，消化能力差 幼雏发育不健全，消化能力差，胃、嗉囊以及其他消化器官的容积又小，储存食物少，所以育雏期对饲料的品质和营养成分要求高，增加喂料次数。

(4) 抗病力差 幼雏由于对外界的适应力差，对各种疾病的抵抗力也弱，在饲养管理上稍疏忽，即有可能患病。在30日龄之内雏鸡的免疫机能还未发育完善，虽经多次免疫，自身产生的抗体水平还是难于抵抗强毒的侵扰，所以对饲养管理的要求条件相对较高。

(5) 敏感性强 饲料、环境的突然变化等应激因素都能够对雏鸡造成不良影响，要保持环境温度、饲料、喂料时间等相对稳定，避免无关人员、特别是其他动物进入，保持安静的环境。

雏鸡的选择

健康雏鸡应具备以下特征：眼大有神，活泼好动，叫声响亮，绒毛光滑、清洁，腹部柔软、平坦，卵黄吸收好，脐部愈合良好，喙、眼、腿、爪等不畸形，脚趾圆润。手握雏鸡有弹性，挣扎有力，体重均匀，符合品种要求。泄殖腔附近干燥，没有黄白色的粪便黏着。

雏鸡的运输

雏鸡的运输要求迅速、及时、安全。运输时最好用专门的运雏盒，也可用其他替代品，但要垫料柔软，密度适中，保温通气，所有工具应用前都要严格消毒。雏鸡要尽快送到养殖场，否则存放时间过长雏鸡会出现脱水现象。

育雏期的环境要求

(1) 温度　温度是育雏成败的关键因素之一。雏鸡初生后体温调节能力差，必须提供适宜的环境温度。预温时间要看季节和外界温度以及供热设备而定，最好在进雏前一天使育雏区的温度达到 33～35℃，不同日龄的适宜温度见表 4-10。育雏温度应缓慢逐渐降低，避免温度大幅度起伏。

表 4-10　不同日龄鸡的适宜温度

日　龄	1～3	4～7	8～14	15～21	22～28	29～35	36 日龄以上
温度（℃）	33～35	30～32	27～30	25～27	22～25	18～25	15～25

衡量温度是否合适，除随时检查温度表外，还要观察鸡群动态（图 4-9）。温度过高或过低不仅对鸡群的生长发育不利，而且导致雏鸡死亡率高。

(2) 湿度　雏鸡生活在过于干燥的环境中，容易脱水，表现为饮水量增加，卵黄吸收不良。环境干燥还可导致灰尘量增加刺激呼吸道黏膜，诱发呼吸道病。要采取适当的措施使育雏舍保持合适的湿度。1 周内湿度保持在 65%～70%，以后逐渐降低至 55%～60%。随着日龄的增加，由于雏鸡呼吸量、饮水量以及排粪量增加，室内容易潮湿，应注意通风换气，以保持合适的湿度环境。

(3) 饲养密度　受饲养品种、饲养方式和鸡舍环境条件（特别是温度、

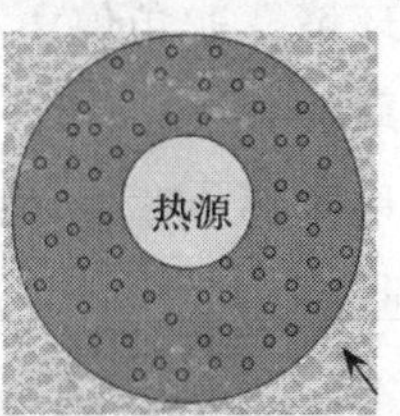

温度适中①

热源

温度过高②

温度过低③

图 4-9　不同温度雏鸡的表现

①温度适中时，表现为精神活泼，羽毛光滑整齐，食欲旺盛，展翅伸腿，睡眠安静，睡姿伸头舒腿，均匀散布在热源周围。

②温度过高时，表现为远离热源，张嘴呼吸，饮水增多，而且高温影响雏鸡正常的代谢，雏鸡食欲减退，生长发育受阻。

③温度过低时，雏鸡向热源附近集中，闭眼尖叫，互相挤压，层层堆积，体质弱的鸡可能因为互相挤压而死亡。

湿度和通风）的影响较大。具体情况可视环境条件灵活掌握，夏季高温地区、通风降温条件差时应降低饲养密度。在良好饲养管理条件下，快大型肉鸡和快速型优质肉鸡育雏期饲养密度每平方米可在40只左右，随着日龄的增加，逐渐扩群至所需密度；饲养后期每平方米出栏体重控制在25～30千克为宜。中速型及生长更慢的优质肉鸡饲养后期每平方米出栏体重控制在15～18千克为宜。

(4) 光照　光照对生产性能的发挥有一定影响，适宜的光照时间和光照强度，可以提高生长速度和成活率。光照程序见表4-11。1～3日龄采用长光照，以便于雏鸡熟悉环境，利于采食和饮水。为了让鸡熟悉黑暗环境，避免停电引起鸡群骚乱发生意外，4日龄以后采取光照23小时，1小时黑暗。1周龄以后光照强度可逐渐减弱，以鸡能看到吃食为宜，以防照度过强诱发啄癖。

表4-11　快大型肉鸡不同日龄适宜的光照时间控制

日　　龄	1～3	4～7	8～21	22至出栏
光照时间（小时）	24	23	23	23
光照强度（瓦/米^2）	5～4	5～4	4～2.7	1.33～0.8

优质肉鸡，特别是中速型和慢速型优质肉鸡一般在育雏期后采用自然光照即可。如果由于市场行情的原因，而急于提前出栏，可根据实际情况增加光照时间。

(5) 通风换气　通风是调节鸡舍环境条件的有效手段，不但可以输入新鲜空气，排出氨气（NH_3）、硫化氢（H_2S）等有害气体，还可以调节温度、湿度。为保持舍内空气新鲜，有利于鸡群生长发育，要在保温的同时，注意通风换气，鸡舍空气质量以人感觉适宜为标准。但要防止贼风的袭击或温度骤变诱发疫病。鸡舍通风方式等见第六章鸡舍建筑设计与环境控制。

育雏期的饲养管理

(1) 开水[①] 饮用水应清洁卫生，水质符合 NY/T 388 的规定。雏鸡进入育雏室后，应及时供给清洁的饮水，有条件的头 3 天可饮用与室温一致的凉开水。在第一次的饮水中加入 2%～3%的葡萄糖，建议在前 3～5 天的饮水中加入电解多维、抗菌药物，以增强鸡的免疫力，阻止病菌传播。葡萄糖可以直接加入水中，而抗菌药物要先用少量水进行充分溶解再倒入桶中充分混匀。采用乳头饮水器时，还要注意引导雏鸡饮水。

①开水：雏鸡的第一次饮水，也称为初饮。

(2) 开食[②] 在雏鸡充分饮水后（约 2～3 小时），即可开食（图 4-10），开食一般把全价粉料拌湿后，放在开食盘、小料桶或育雏料槽内饲喂。湿度以抓起成团，放开即散为宜。要注意少投勤添，每天至少 4～6 次。2 周龄以后可以逐渐减少喂料次数，但每天投料应不少于 3 次。为保证饲料新鲜、营养平衡，投喂的饲料夏季要每天吃净一次，冬季至少每 3 天吃净一次。

②开食：第一次喂料称为雏鸡的开食。

(3) 鸡群观察 雏鸡活泼好动，应分布均匀，不扎

图 4-10 雏鸡的开食

堆，不乱叫，不呆立瞌睡。雏鸡的采食量随日龄的增大而变大，平时注意采食量的变化，如果采食量减少或者不变，要迅速检查原因，及时解决。平时还要注意观察鸡粪便形状、颜色，有无红粪、绿粪或拉稀等异常情况的出现。

4.生长期和育肥期的健康养殖技术

科学调整喂料

生长期的鸡已能适应外界环境的变化。这个阶段重点在于促进骨骼和内脏生长发育，所以需要及时增加喂料量，调整饲料配方。换料时要循序渐进，逐渐更换，以免消化系统不适应饲料营养成分的突然变化，带来不必要的损失（图4–11）。鸡有挑食的习惯，易把饲料撒到槽外，所以每次投料不可超过料槽高度的1/3。应根据鸡不同的生长阶段，及时更换足够大的喂料工具（图4–12），而且分布均匀，以免影响采食，导致均匀度降低，影响鸡群的整齐上市。

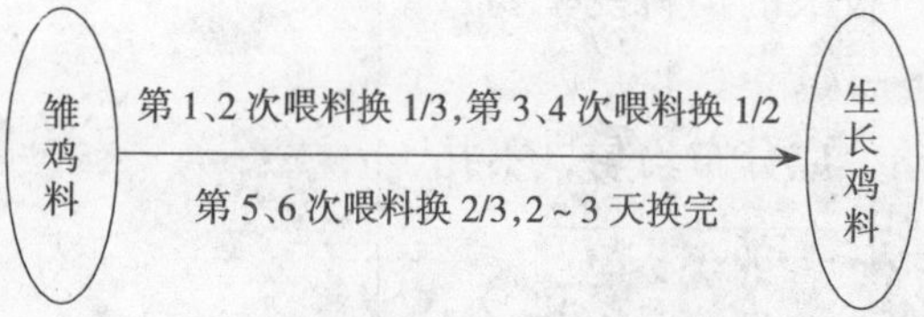

雏鸡料 → 生长鸡料

第1、2次喂料换1/3，第3、4次喂料换1/2

第5、6次喂料换2/3，2～3天换完

图4–11　饲料更换过程

育肥期的饲养管理要点是促进肌肉更多地附着于骨骼及体内

图4–12　育雏、育成、育肥期喂料设备

脂肪的沉积，增加鸡的肥度，改善肉质、皮肤和羽毛的光泽，因此调整饲料配方要以增加能量水平为重点，蛋白含量可以适当降低。此时期要特别注意按照用药规范，防止药物残留；同时，可以在日粮中少量添加安全无公害、富含叶黄素的饲料或饲料添加剂（着色剂）。尽量使鸡的运动降到最低限度，以提高饲料转化率；出栏、抓鸡前 6～12 小时停止喂料，正常提供饮水。

供给充足饮水 新鲜清洁的饮水对鸡正常生长尤为重要，每采食 1 千克饲料要饮水 2～3 千克，气温愈高饮水愈多。为使所有的鸡都能得到充足的饮水，自动饮水的要保证饮水器内不断水，使用其他饮水器的要保证有足够的饮水器且分布均匀。饮水器的高度要及时调整，防止饮水外溢，造成鸡舍内潮湿。常用饮水设备见图 4–13。

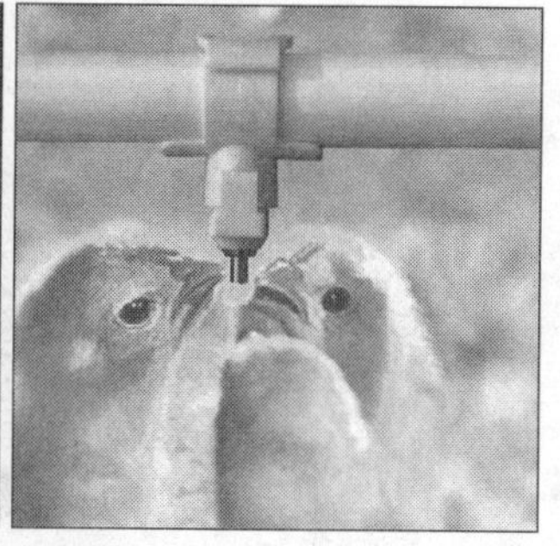

图 4–13　育雏、育成、育肥期饮水设备

进行合理分群 （1）公母分群　见图 4–14。由于公母鸡的生理基础不同，所以生长速度、脂肪沉积能力不同，对生活环境和日粮营养水平的需求也不一样，因此进行分群饲养，可以有效地提高饲料利用率，降低生产成本，提高经济效益。

公鸡群体

母鸡群体

图 4–14　公母分群

(2) 大小、强弱的分群　快大型白羽肉鸡一般采用公母混养的方式，在饲养过程中，因为个体差异、环境影响或饲养管理不当，可能会出现一些弱鸡，要及时进行大小、强弱分群，挑出病、残、弱、次的鸡，根据不同情况分别对待，以提高群体均匀度。个别残次个体应及时挑出予以淘汰，这样既可节约饲料，又可避免对其他个体的影响。

观察鸡群状态　饲养人员在饲养管理过程中，必须经常细心地观察鸡群的健康状况，做到及早发现问题，及时采取措施，提高饲养效果。

(1) 观察粪便　每天进入鸡舍时，要注意检查鸡粪是否正常，正常鸡粪应为软硬适中的堆状或条状，上面盖有少量的白色尿酸盐沉淀。

(2) 观察健康状况　每次饲喂时观察有无病弱个体，如发现鸡蜷缩于某一角落，喂料时不抢食，行动迟缓，精神萎靡，低头缩颈，翅膀下垂，应立即隔离治疗，严重者淘汰。

(3) 观察采食　每天观察鸡的采食变化情况，如果采食量比前一天略有增加，说明情况正常，如果减少或连续几天不增加，则说明存在问题，需及时查明原因。

(4) 观察行为　还应注意观察有无啄肛、啄羽等恶癖的发生。生长、育肥鸡体重增长迅速，如果日粮中缺乏某种营养素或饲养管理不当，易引发啄癖，一旦发现，必须马上剔出被啄的鸡，分开饲养，并采取有效措施，如降低光照强度、加强通风等防止恶癖蔓延。

5.放牧饲养的关键技术

优质肉鸡因为含有地方品种血液，适应性、抗逆性强，耐粗饲，活泼好动，尤其是中速和慢速型的，单纯采用舍饲会造成成本提高和肉质下降，因此建议育雏期过后，温度适宜可采取放牧饲养或者放牧与舍饲结合的方法。本部分重点讲述优质肉鸡的放牧饲养技术。

鸡舍建设 不管选择山地、果园或林地（图4-15、图 4-16、图4-17）哪种放养地点，都要为鸡群搭建棚舍，供鸡躲避风雨及晚上休息用。规划建设鸡舍时要考虑所在地的气象、地质条件，避免大风、洪水等自然灾害可能造成的危害。鸡舍外开好排水沟利于排水，鸡舍高度一般设置为 2～2.5 米，鸡

图 4-15　山地放养

图 4-16　山楂园放养

图 4-17　速生林地放养

舍内可用木条等制作栖架，以提高饲养密度，还可减少肉鸡与粪便的接触。放养场地四周可以设置篱笆，也可以选择尼龙网、镀塑铁丝网或竹围，高度 2.5 米以上，防止鸡飞出。

放牧场地的规则　放养密度、放养数量根据自己的实际条件确定。如果放养场地植被较好，且具备轮牧条件，以放牧为主、补饲为辅时，密度不宜太大，每个放养群体在1 000只左右为宜。如果人工采集优质牧草等天然饲料资源饲喂，或者以饲喂为主，补饲为辅，则可以大群饲养，甚至可以在5 000只以上，放牧场地则不宜过大，否则饲料转化率降低，饲养管理成本等相应增加。为了提高放养效率，进雏可以选择在2~6月份，放养期3~4个月，这段时间刚好牧草生长旺盛，昆虫饲料丰富，可以充分利用。

日常管理要点

(1) 信号训练　从育雏期开始，每次喂料时给鸡群相同的信号，使其形成条件反射。放养后通过该信号指挥鸡群回舍、饲喂、饮水等。坚持放养定人，喂料、饮水定时、定点，逐渐调教形成白天野外采食，晚上返回鸡舍补饲和饮水的习惯。

(2) 放牧时机的选择　根据气候和植被情况，一般雏鸡饲养至30天左右，体重在0.3~0.4千克时开始进行放牧饲养。为了使鸡群适应放养环境，放养前应逐渐停止人工供温，使鸡群适应外界气温。开始放牧时以2~3小时为宜，以后时间逐渐延长，放牧场地也要从小到大，循序渐进。

(3) 饲料的过渡　放牧前10天逐渐在饲料中掺入一些细碎、鲜嫩的青绿饲料，以后可以逐步采用每日在鸡舍外附近地面撒一些配合饲料和青绿饲料，诱导雏鸡地面觅食，以适应以后的放养生活。放牧前1周，为防止应激，可在饲料或饮水中加入维生素C或复合维生素。

(4) 补料和喂水　根据放牧条件决定放牧期间的饲喂制度。如果以放牧为主，一般放养第1周，早、中、晚各喂1次；第2周开始早晚各1次，早晨少喂；逐渐过渡到每天晚上补料1次，在过渡的同时逐渐由全价料过渡到五谷杂粮，补料量根据放养场地植被和鸡群嗉囊充实程度而定。在放养场地供给充足的引水，并固定位置。人工补饲优质牧草等青绿饲料时，也应注意由少到多的原则。

(5) 轮牧　放养场地最好实行轮牧制度，以保证一定时间的休养期，这样可以利用日光自然除菌，还有利于植被的生长和恢复。具体轮换时间应根据植被状况而定。

(6) 驱虫　放牧饲养条件下，鸡群感染寄生虫的机会增加。要注意观测鸡群状况，如果感染寄生虫，就应在兽医的指导下及时驱虫。

(7) 放牧后期的饲养管理　出栏前20天左右，应逐渐减少鸡群活动量，增加喂料量，加强育肥，提高肌内脂肪含量，改善鸡肉品质。饲料的能量达到13兆焦/千克，粗蛋白16%左右。饲料中不宜添加有异味的鱼油、牛油、羊油等油脂，以防影响肉质。

(8) 捕捉注意事项　因放养鸡长期运动，体能好，运动能力强，所以在出栏等需要捕捉时最好选在晚上，在微弱光照下进行，减少碰撞、挤压，避免不必要的损失。

五、肉种鸡的饲养管理技术

目标
- 了解公母鸡的繁殖生理与人工授精技术
- 掌握肉种鸡各个生长阶段的饲养管理技术

1.肉鸡的繁殖

公鸡的繁殖生理 公鸡生殖器官由一对睾丸、附睾、输精管和交配器组成（图 5–1）。

(1) 睾丸 终生存在于腹腔内，呈卵圆形，左右各一，左侧较右侧略大。以睾丸系膜悬于同侧肾脏的腹面、肺脏的后面。在性成熟后，具有明显的季节性变化，特别是在配种季节睾丸变大，颜色变白，精子大量形成，当性机能减退时则变小。睾丸不仅生成精子还分泌雄性激素。

(2) 附睾 呈长椭圆形，紧贴在睾丸的背内侧，色深黄，常被睾丸系膜遮盖而不易发现。附睾主要由睾丸输出管和附睾管构成，发育较差，只有在睾丸活动期才明显扩大。

(3) 输精管 一对极其弯曲的细管

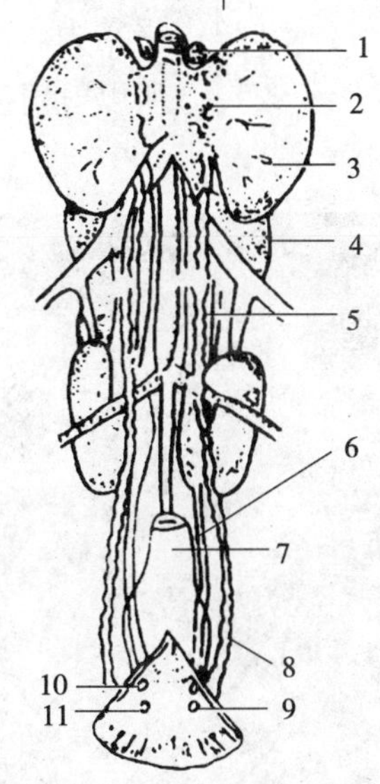

图 5–1 公鸡的生殖器官

（参考张敏红《肉鸡无公害综合饲养管理》）

1.肾上腺 2.附睾区 3.睾丸 4.肾 5.输精管 6.输尿管 7.直肠 8.输精管扩大部 9.射精管口 10.泄殖腔 11.输尿管口

道，与输尿管并列，前连附睾，后端埋在泄殖腔壁内，末端形成输精管乳头，并突出于泄殖腔、输尿管口的外下方，开口于泄殖腔。输精管既是输送精子的通道，又是贮存精子的地方。当交配或采精时，精液借助管壁收缩而排出。

(4) 交配器　公鸡的交配器官已经退化，只不过在泄殖腔的腹侧有短而可勃起的乳突状突起，叫阴茎乳头或交媾器。公鸡的交媾器不发达，刚孵化出的雏鸡较明显，可用以鉴别雌雄；交配时，勃起的交媾器与母鸡外翻的阴道接通，精液通过乳突注入母鸡的阴道。

(5) 精液与精子　雏公鸡在 10 ~ 12 周龄即可产生精液，但只有到 22 ~ 26 周龄时，才能获得满意的精液量和受精力。鸡没有副性腺（精囊腺、前列腺和尿道球腺），所以射精量少。一次射精量为 0.6 ~ 0.8 毫升(图 5–2)。

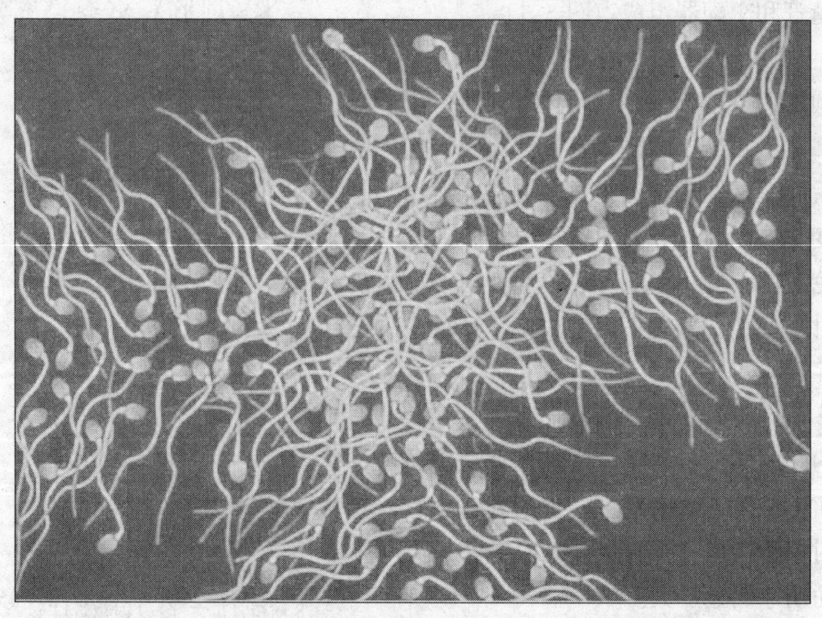

图 5–2　显微镜下精子的形态

母鸡的繁殖生理 为了适应飞翔、卵生、胚胎体外发育等需要，母鸡的卵巢和输卵管仅左侧正常发育，右侧在孵化的7～9天后逐渐退化，出壳后只保留痕迹。母鸡生殖器官（图5-3）由卵巢和输卵管组成。

（1）卵巢 母鸡的卵巢呈结节状、梨形，位于腹腔左肺后方、左肾前叶头端、附着在背侧体壁。卵巢主要产生卵子和分泌激素。在母禽休产期或性成熟前期，卵巢皮质具有球状白色结节，内含卵子，即卵泡。卵泡发育到成熟排卵时，一般需要7～10天。正在产卵的母鸡，卵巢一般有1～5个破裂的卵泡。成熟母鸡的卵巢重量为40～60克。

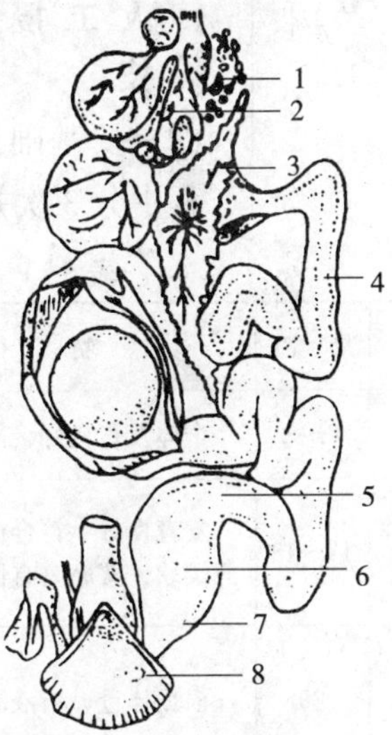

图5-3 母鸡的生殖器官
（参考张敏红《肉鸡无公害综合饲养管理》）
1.发育中的卵泡 2.成熟卵泡 3.喇叭部 4.膨大部 5.峡部 6.子宫部 7.阴道部 8.泄殖腔

（2）输卵管 鸡的左输卵管在小鸡时是一条细而直的小管，而到产蛋期发育为管壁增厚、长而弯曲的管道，其长度可达60～70厘米，在孵卵期回缩至30厘米，而在换羽期只有18厘米：母鸡的输卵管是一个高度分化的器官，占据腹腔左侧大部分，其前端接近卵巢，后端开口于泄殖腔。根据构造与功能，输卵管由前向后顺次可分为漏斗部、膨大部、峡部、子宫和阴道。

（3）排卵和蛋的形成 当卵泡发育成熟后，卵泡膜破裂排出卵细胞，被输卵管漏斗部收纳，在此停留15～25分钟，如遇精子即进行受精。卵进入膨大部后被腺体分泌黏稠胶状的蛋白包围，构成蛋的全部蛋白。再向后到达峡部，在子宫内将浅层蛋白稀释成稀蛋白。子宫腺的分泌物含有碳酸钙、镁等物质，沉积在壳膜外形成蛋壳。在连续产蛋的情况下，鸡一般在前一个蛋产出后约30分钟，卵巢即排出下一个卵，大多数高产品种两次产蛋的间隔时间为24~26小时。

人工授精技术

(1) 种公鸡群的建立与比例　建立一个优良的种公鸡群是保证受精率的重要基础，必须按要求做好种公鸡的选择，在养殖过程中分3次并按比例决定选留和淘汰，如表5-1。

表5-1　分批进行公鸡的选留

选择次数	周　龄	特　征	选留比例	备　注
第一次	6～8	个体发育良好、冠髯大而鲜红	稍　大	若全年实行人工授精的种鸡场，还应选留15%～20%的后备种公鸡或补充新的公鸡
第二次	17～18	发育良好、符合标准体重、腹部柔软、按摩时有性反应	大于最终计划选留数的30%	
第三次	20	根据体重、精液品质选留	每百只母鸡选留3～5只	

(2) 采精训练　一般情况下，种公鸡应发育到22~26周龄时进行采精。将选择好的种公鸡，在采精前1~2周投入单笼，按种公鸡的管理要求进行饲养，每天光照时间为14~15小时。用选定的采精方法，按操作要求对种公鸡进行采精调教。每天1~2次，一般经过连续3~5天训练后，即可采到精液。在采精训练中，对性反应迟钝者应加强训练或淘汰处理。

(3) 种公鸡的准备　经调教后的种公鸡，应在采精前3~4小时断料，防止采精时排粪，污染精液；将种公鸡肛门周围的羽毛剪去，以利于采精操作；用70%酒精棉球对种公鸡肛门周围皮肤擦拭消毒，再用蒸馏水擦洗，待微干后采精。鸡的采精次数为每周3次或隔日1次。若配种任务重，可连采两天(每天1次)休息一天，但必须是30周龄以上的种公鸡。公鸡每天早上或下午的性欲最旺盛，是采精的最佳时间。

(4) 采精器具与物品准备　采精用具主要是集精杯（图5-4），一般由优质棕色玻璃制成，另外准备酒精棉球、生理盐水、稀释液、保温器具等。但采精、贮精器具必须经消毒后备用。一般应采取高压灭菌，也可采用70%酒精消毒，但必须在消毒后用生理盐水或稀释液冲洗2～3次，干燥后备用。集精瓶内水温应保持在30～35℃。

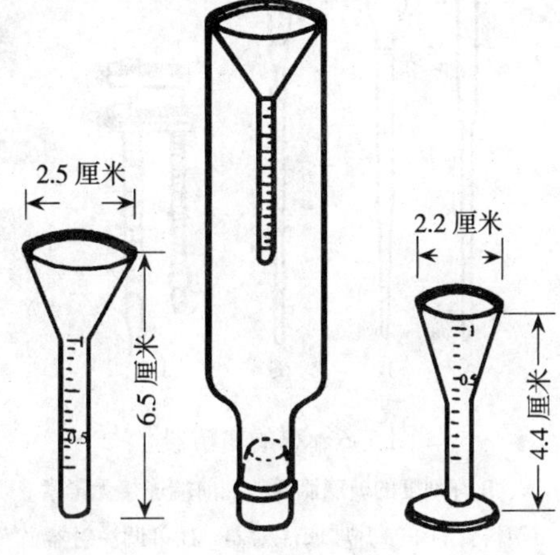

2.5 厘米
6.5 厘米
0.5
2.2 厘米
4.4 厘米
1
0.5
图5-4　鸡用集精杯

(5) 采精操作　采精方法包括母鸡诱情法、电刺激采精法、按摩采精法，生产中常采用按摩采精法，其步骤如图5-5。

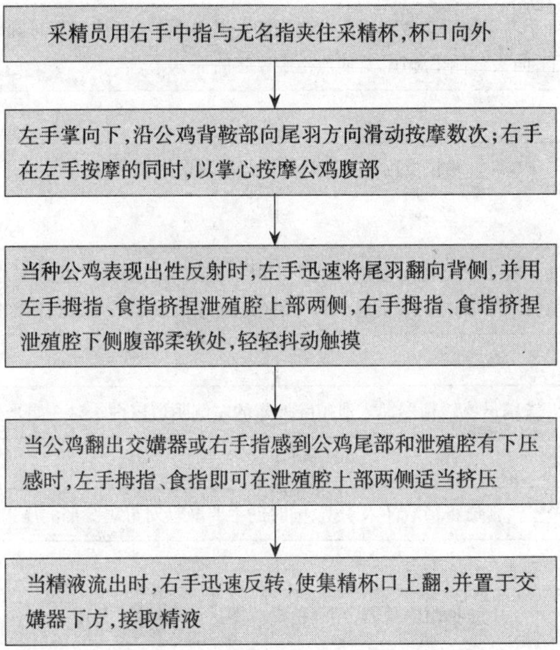

采精员用右手中指与无名指夹住采精杯，杯口向外
左手掌向下，沿公鸡背鞍部向尾羽方向滑动按摩数次；右手在左手按摩的同时，以掌心按摩公鸡腹部
当种公鸡表现出性反射时，左手迅速将尾羽翻向背侧，并用左手拇指、食指挤捏泄殖腔上部两侧，右手拇指、食指挤捏泄殖腔下侧腹部柔软处，轻轻抖动触摸
当公鸡翻出交媾器或右手指感到公鸡尾部和泄殖腔有下压感时，左手拇指、食指即可在泄殖腔上部两侧适当挤压
当精液流出时，右手迅速反转，使集精杯口上翻，并置于交媾器下方，接取精液
图5-5　采精常用操作步骤

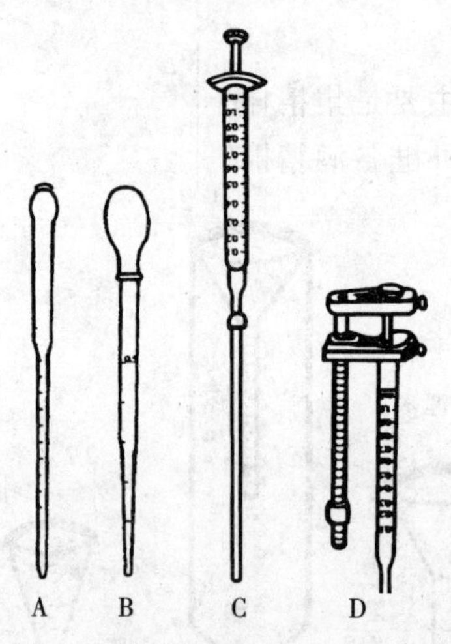

图 5-6　鸡的输精器

A、B.有刻度的玻璃滴管　C.前端连接无毒素塑料管的 1 毫升玻璃注射器　D.可调注射器

(6) 鸡的输精

①输精要求：开始输精的最佳时机应为产蛋率达到 70%以后；应在下午 4 时以后输精较为适宜，一般 5 ~ 7 天输精一次，原精液输入量应为 0.025 ~ 0.05 毫升。输精间隔与输精量要根据鸡的品种、年龄、季节等及时调整。

②输精器具：准备输精器(图 5-6)数支，原精液或稀释后的精液，注射器、酒精棉球等器具。

③输精方法：鸡的输精方法有阴道输精法（图 5-7）和子宫输精法两种，目前普遍采用阴道输精法。

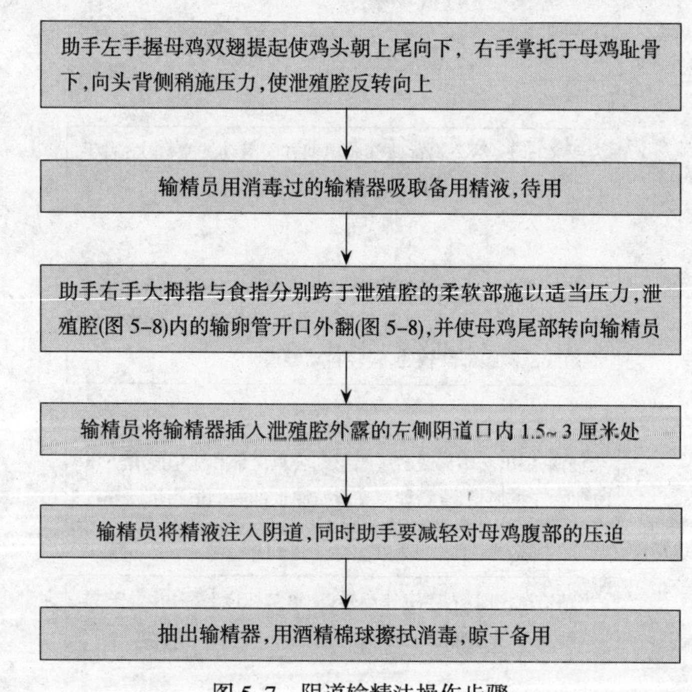

图 5-7　阴道输精法操作步骤

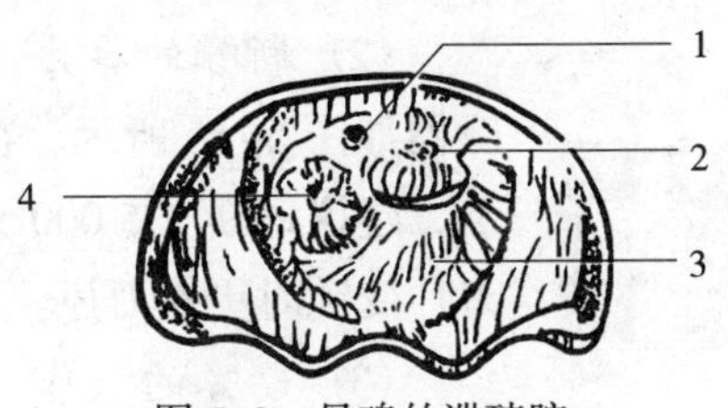

图 5-8　母鸡的泄殖腔

1.输尿管开口　2.直肠开口

3.粪窦　4.输卵管开口

2.育雏期的特殊要求

育雏期的日常饲养管理参照《商品肉鸡的健康养殖技术》一章，其中有几个方面需要特别注意。

断　喙

（1）断喙的要求　为了减少啄羽、啄肛及节省饲料，种鸡一般都要断喙。断喙一般在 7～10 日龄进行，种母鸡上喙断至鼻孔前缘 1/2，下喙断 1/3。对于自然交配的公鸡上下喙都切掉 1/3，保持长度相等。断喙时有必要实施垂直断喙（图 5-9），避免后期喙部生长不协调或产生畸形；正确断喙的雏鸡和成鸡如图 5-10 所示。

正确——垂直切割

不正确——生长不平衡

图 5-9　判定断喙是否正确的依据

图 5-10　正确断喙的雏鸡和成鸡

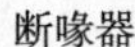
断喙器

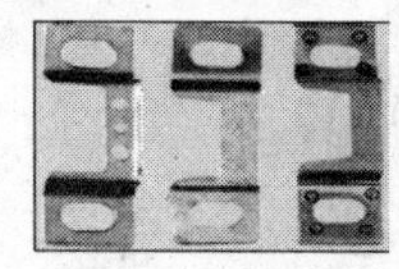
刀片

图 5-11 常用断喙器与刀片

(2) 断喙的器具　常用的断喙器如图 5-11 所示。在正常情况下，建议每断喙 5 000 只鸡或每当刀片变钝时更换刀片。

(3) 断喙的操作　以食指尖放于下喙稍稍加压，使雏鸡将舌头退回口腔后部避免烫伤；拇指置于头后的方式握鸡，使下喙略微后缩，以保证均匀地切断上下喙。最好断喙和烙烫分两个阶段进行，烙烫良好的喙尖应是黑色的，有助于避免出血和细菌感染；操作人员直接将鸡喙置于目标盘的圆孔中切割并烙烫 2 秒钟。

(4) 断喙的注意事项　为使雏鸡有轻微的饥饿感，断喙开始前 3～4 小时停料，断喙完成后应立即给予充足的粉料；如果需要再次修喙，应与疫苗使用结合，于 18～20 周龄进行。

剪　冠

(1) 剪冠目的　剪冠能避免鸡啄冠的发生；防止天气寒冷时鸡冠冻伤；可以减少单冠鸡在采食、饮水时，与饲槽和饮水器上的栅格或笼门等网栅摩擦引起鸡冠损伤；剪冠也可以避免因冠大而影响视线；如对父系进行剪冠，可防止父系与母系混群。

(2) 剪冠时间　种用公雏最好在雏鸡出壳后即进行剪冠，剪冠越晚造成的应激反应越大。

(3) 剪冠方法　剪冠最好用眼科剪刀，也可用弯剪或指甲剪，操作时剪刀翘面向上，从前向后紧帖头顶皮肤，在冠基部齐头剪去即可。

截　趾

自然交配的种鸡场，配种时由于公鸡内侧的趾尖太锐利，常常划破母鸡背部皮肤，母鸡因疼痛而拒绝配种，从而降低种蛋受精率，甚至造成母鸡受外伤感染发炎而被淘汰。为避免这种损失，可以在6～9日龄时，将留种公鸡内趾尖、后趾尖切断。截趾手术可与断喙手术同时进行，做法是在趾尖与皮肤交界处切断，最后在断趾处涂上碘酒。

3.育成期饲养管理

肉种鸡能否发挥出优良的生产性能，很大程度上取决于育成期饲养管理的好坏。育成效果的判定则是由育成率、均匀度，适当的体重，体成熟和性成熟同步，以及良好的开产状况等诸多因素综合决定的。

提高三个均匀度

体重均匀度、骨架均匀度、性成熟均匀度三者之间是相辅相成，相互制约的，在鸡只不同生长阶段均匀度的选择应有所侧重。

(1) *提高体重均匀度* 测量鸡群均匀度的方法是以平均体重±10%或±15%为范围，用其含有数量占称重鸡只总数的百分比来表示。采用方法是抽测体重，每次称取5%左右的鸡只，不得少于30只。

如果均匀度较差，应采取调群的方法。调群一般在12周前进行，最晚不应超过15周，调群当天应该提前断料12小时。调群完毕后，根据体重大小调整喂料量，提高群体均匀度。

(2) *提高骨骼均匀度* 据统计，5～10周龄鸡骨骼的大小与体重高低成正比，因此可用每周称重来简单了解鸡骨骼的生长趋势；在日常管理中要注意多触摸鸡的胸肌，胸肌发育不好的要及时淘汰；在国际上常利用龙骨长①、胫骨长度②（图5-12）和换羽速度判断种鸡发育状况。

①龙骨长：用皮尺测量体表龙骨突前端到龙骨末端的距离。

②胫骨长度：用卡尺测量从胫部上关节到第三、四趾间的直线距离。

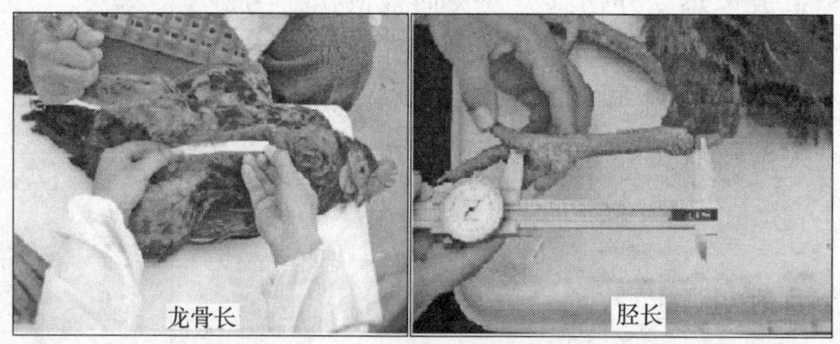

图 5-12　龙骨长与胫长的测量

(3) **提高性成熟均匀度**　育成中期(11～14 周)每周增加 3～5 克料量，因为生殖系统已经开始发育，加料幅度可稍微有些增加。育成后期(15～23 周)建议增加 10%～15%的喂料量，刺激种鸡生理变化并平稳地向性成熟转换。育成鸡性成熟开始时，冠、髯开始鲜红、膨大，符合品种的外貌特征，性成熟转换与否的判定如图 5-13。

图 5-13　性成熟（左）与未达到性成熟（右）的种公鸡

实施限饲方案　限制饲喂对提高肉用种鸡的生产性能，降低饲料消耗，保证种鸡利用价值等具有重要作用，是肉种鸡饲养管理中的核心技术之一。限饲要根据不同品种的饲养标准执行，快大型肉用种鸡要执行严格的限饲措施，而慢速型优质肉用种鸡的限饲就基本不需要。

(1) 限质法　限制饲料的营养水平，采用低能量或低蛋白，甚至低氨基酸的配合饲料，通过降低饲料营养水平达到限制生长，控制体重的目的。

(2) 限量法　限制喂料数量，一般按充分采食量的70%以上饲喂，此法应用普遍，但要求饲料营养完全，质量好，尤其要求喂料量准确。

(3) 限时法　有隔日限饲、喂5限2、喂4限3、喂6限1等几种方式，见表5–2。对育成期种鸡来讲，3/4法是最为合适的一种，对于提高育成期种鸡的均匀度起着重要的作用。随着日采食量的增加，一般在18周左右改为2/5法，20周左右渐改为每日饲喂。

表5-2　限制饲喂程序举例

饲喂程序	周一	周二	周三	周四	周五	周六	周日
每日	√	√	√	√	√	√	√
6/1	√	√	√	√	√	√	×
5/2	√	√	√	×	√	√	×
4/3	√	√	×	√	×	√	×
隔日	√	×	√	×	√	×	√

光照的管理

(1) 加光的时间与时机　光照时间的增加要循序渐进，过度的刺激会造成双黄蛋增多等现象，一般每周增加30分钟较为适宜；公鸡的加光时机一般比母鸡早5～7天；加光方法要依据体况而定，体况好的可快些，反之则慢些。

(2) 光照管理程序　密闭式鸡舍光照不受自然季节变化的影响，光照时间、强度等完全靠人工控制；开放式鸡舍由于有自然光照，所以应该灵活调整。以爱拔益加父母代肉种鸡为例，表5–3、表5–4给出了开放式与密闭式的光照管理程序。

表 5-3 开放式鸡舍爱拔益加父母代肉种鸡光照程序

日　龄	光照时间（小时）
1	23
2	23
3	19
4～9	逐渐减少至自然光照时间
10～153	自然光照时间

表 5-4 密闭式鸡舍爱拔益加父母代肉种鸡的光照制度

日　龄	光照时间（小时）	光照强度（勒克斯）	
		育雏区域	鸡舍内
1	23	80～100	
2	23		
3	19		
4	16	30～60	10～20
5	14		
6	12		
7	11		
8	10		
9	9		
10～153	8		

4.产蛋期饲养管理

预产期饲养管理

(1) 饲料更换　从19周龄到产蛋率达到5%的这一阶段，称为肉种鸡的预产期或产蛋前期。在此期间，母鸡体重迅速增加，所喂饲料应由育成鸡料更换为预产期料，在22～24周龄换成产蛋料。从24周龄产蛋开始，应按照饲养标准（表5-5）添加贝壳粉等，以提高钙、磷比例。

表 5-5　爱拔益加肉用种鸡饲料营养建议量

项　目	雏鸡	育成鸡	预产鸡	产蛋鸡	24 周龄以上公鸡
代谢能（兆焦/千克）	11.50～12.50	11.00～12.00	11.70～12.50	11.50～12.50	11.00
粗蛋白（%）	17.00～18.00	15.00～15.50	17.75～18.25	15.00～16.00	12.00
钙（%）	0.90～1.00	0.85～0.90	1.50～1.75	3.15～3.30	0.80
有效磷（%）	0.45～0.50	0.38～0.45	0.42～0.45	0.40～0.42	0.35
蛋氨酸（%）	0.34～0.36	0.30～0.35	0.36～0.38	0.30～0.35	0.24
赖氨酸（%）	0.85～0.95	0.60～0.70	0.84～0.87	0.65～0.75	0.55

(2) 光照改变　光照从 19 周龄或 20 周龄开始逐渐增加，增至 16～17 小时为止。第一次增加光照时间适当长一些，给予母鸡强有力的刺激，有利于促进母鸡的性腺发育。在 20 周龄时，将消毒过的产蛋箱放入鸡舍，每 4 只母鸡 1 个产蛋箱。

产蛋高峰期饲养管理

(1) 饲喂方法　一般情况下，从鸡群开产到产蛋高峰这一段，采用自由采食。为防止母鸡过肥，还应促进种鸡活动，减少脂肪沉积。不同的品种饲喂标准各有差异，应参照该品种饲养标准的要求进行饲喂。表 5-6 给出了爱拔益加父母代种母鸡的部分饲喂程序，以供参考。

(2) 夏季管理　夏季对产蛋期肉种鸡重点是防暑降温，促进食欲，防止鸡群中暑。同时，加喂抗应激药物，如在饮水中加 0.1%碳酸氢钠、0.2%～0.3%氯化铵等。夏季肉种鸡粪便较稀，湿度大，鸡粪极易发酵产生有害气体和其他异味，所以要注意勤除鸡粪。

(3) 冬季管理　肉种鸡产蛋期最适宜温度一般在 13～23℃，低于 0℃便停止产蛋，所以防寒保暖是产蛋期的重点，可以采取加厚北面墙壁，增加草帘保温等措施加以缓解。由于冬季舍饲时间长，为了保温而过度封闭的鸡舍，空气极易污染，可以在中午温度升高的时候开窗通风1~2小时。

表5-6 爱拔益加父母代种母鸡的饲喂程序

日产蛋率（%）	料量增加（克）	饲料总量［克/（天·只）］
产蛋前	根据体重喂料	121.0
5	2.0	123.0
10	2.0	125.0
15	2.0	127.0
20	2.5	129.0
25	2.5	132.0
30	2.5	134.0
35	2.5	137.0
40	3.0	140.0
45	3.0	143.0
50	3.0	146.0
55	3.0	149.0
60	4.0	153.0
65	5.0	158.0
70～75	5.0	163.0

产蛋后期的饲养管理

(1) 科学补钙 适当增加饲料中钙和维生素D_3的含量。产蛋高峰过后，蛋壳品质往往很差，破蛋率增加，在每日下午3~4时，在饲料中额外添加贝壳砂或粗粒石灰石，可以加强夜间形成蛋壳的强度，有效地改变蛋壳品质。添加维生素D_3能促进钙、磷的吸收。

(2) 适当添加应激缓解剂 年龄较大的鸡对应激因素往往变得特别敏感。当鸡群受应激因素影响时，可在饲料中添加60毫克/千克的琥珀酸盐，连喂3周；或按每千克饲料加入维生素C 1毫克，以及加倍剂量的维生素K_3，可以有效地缓解应激。

(3) 保持充足的光照 每日光照时间应保持16~17小时，光照强度15~20勒克斯，可延长产蛋期，提高产蛋率5%~8%。

种公鸡的特殊管理

(1) 温度与光照　成年公鸡在20～25℃环境下，可产生理想的精液品质；温度高于30℃时，精子产生受抑制；而温度低于5℃时，公鸡性活动降低。光照时间12～14小时公鸡可产生优质精液，少于9小时光照则精液品质明显下降。光照强度在10勒克斯就可维持公鸡的正常繁殖性能，但弱光可延缓性的发育。

(2) 诱使公鸡活动　公鸡腿部软弱或有腿病会影响配种，所以要诱使公鸡运动，锻炼腿力。采用公鸡饲槽可使公鸡不断地运动，因为公鸡必须不断地跳起来才能从食槽中吃到饲料。也可在供应饲料时将谷粒饲料撒在垫料上，诱使公鸡抓刨啄食，既可达到锻炼腿力的目的，又可促进垫料通风，防止公鸡腿部肿胀发炎。

种蛋的管理

(1) 收集种蛋　种蛋产出后应及时收集，同时对合格种蛋、小型蛋、双黄蛋、脏蛋和裂损蛋进行分类。合格种蛋建议蛋重不得少于50克，对42日龄的商品代肉鸡来说，每1克蛋重至少影响7～10克的出栏体重。如果种蛋上只有少量的粪便或垫料，可用塑料或木制刮板将其擦净；切勿使用砂纸打磨，砂纸会破坏种蛋的蛋壳膜，明显增加孵化过程中爆蛋的可能性。

(2) 种蛋消毒　种蛋收集后应立即进行消毒。为防止细菌被吸入蛋内，种蛋消毒过程中不得使种蛋的温度下降。种蛋贮存的地方和运输种蛋的车辆必须始终保持干净卫生并定期进行消毒。种蛋消毒的方法有多种多样，见表5-7。

表5-7　各消毒方法的相关效用

项　　目	福尔马林	洗蛋机	浸泡	紫外线⑥
杀菌	√√	√√	√√③	√

（续）

项　目	福尔马林	洗蛋机	浸泡	紫外线⑥
胚胎安全	√√①	√②	√	√√
操作人员安全	×	√√	√√	√
无蛋壳膜伤损	√√	×	√④	√√
蛋壳保持干燥	√√	×	×	√√
温度敏感性	√√	×	√⑤	√√

注：√√代表好，√代表可接受，×代表差。

①孵化过程中第12~96小时不能使用。②老龄鸡群易受细菌感染，胚胎死亡率高。③注意监测药液的使用和更换。④取决于所使用的化学药物，季铵盐产品可以接受，双氧水不宜使用。⑤注意药液的温度和浸泡的时间。⑥紫外线不能有效地杀灭葡萄球菌，入孵前结合福尔马林熏蒸可提高消毒效果。

(3) *种蛋贮存*　种蛋蛋库应该专门设立，温度为16~18℃，相对湿度维持到75%。为达到最佳孵化率，50周龄前肉种鸡所产种蛋贮存时间为3~5天，50周龄以后为2~4天；一般认为，贮存超过4天后每多一天，出雏时间就会推迟30分钟，孵化率就降低1%。蛋库中注意空气流通，保持温度恒定，以防种蛋表面产生冷凝水(出汗)，进而导致微生物趁机穿过蛋壳孔。

六、鸡场建设设计与环境控制

目标

- 掌握鸡场设计的要点
- 了解鸡舍建筑的方法与要求
- 学会利用畜牧工程措施进行环境控制

近年来，随着肉鸡疫病防控与饲料配制技术的日趋完善，环境控制作为增强养殖户竞争力新的砝码，其重要性已经逐步凸显出来（图 6-1）。本章将从鸡场总体布局、鸡舍科学设计、设施设备运用三个方面层层深入，最终为肉鸡生产提供合适的温度、湿度等适宜的环境条件，为充分发挥肉鸡生长潜力提供有力保证。

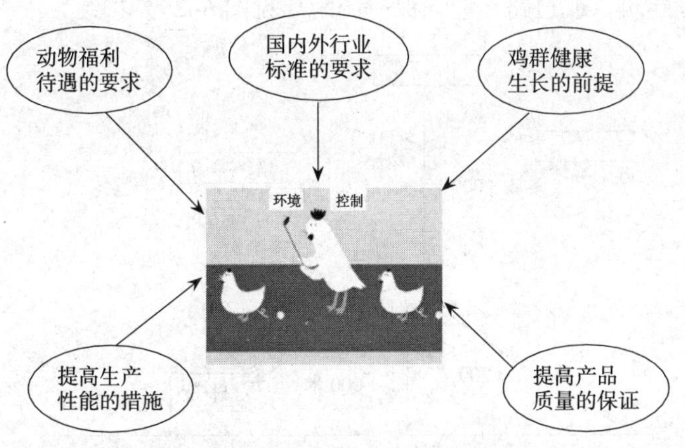

图 6-1 环境控制的重要性

1.鸡场设计与总体环境要求

场址选择

（1）防止污染环境 中华人民共和国畜牧法（2006）第四章第三十九条规定，禁止在下列区域内建设畜禽养殖场、养殖小区：

生活饮用水的水源保护区；

风景名胜区，以及自然保护区的核心区和缓冲区；

城镇居民区、文化教育科学研究区等人口集中区域。

（2）保证生物安全 国家标准《无公害畜禽肉产地环境要求》中规定："养殖区周围500米范围内，水源上游没有对产地环境构成威胁的污染源，包括工业"三废"，农业废弃物、医院废弃物、城市垃圾和生活污水等污物。"农业部行业标准《无公害食品 肉鸡饲养管理准则》中规定："鸡场周围3 000米内无大型化工厂、矿厂等污染源；距其他畜牧场至少1 000米以上；鸡场距离干线公路、村镇等居民点至少1 000米以上。"肉鸡场与周围建筑（或道路）应该保持的距离见图6–2。

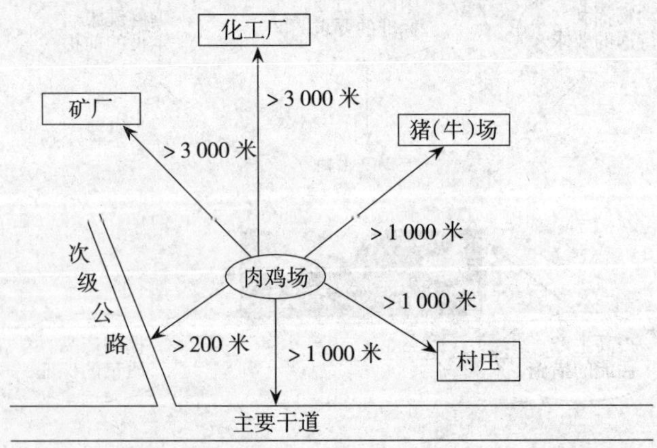

图6–2 肉鸡场应与周围建筑（或道路）保持的距离

(3) 考虑地势地形　场址应地势高燥、平坦，位于居民区及公共建筑群下风向。在丘陵山地建场要选择向阳坡，坡度不超过20°。场区电力供应有保障，交通便利，道路，运输方便。

(4) 选择适宜的总体环境

①土壤要求：在选择地址时要详细了解该地区的地质土壤状况，要求场地土壤未被传染病或寄生虫病原体污染过，透气性和透水性良好，能保证场地干燥。一般鸡场应建在砂质土或壤土的地带，地下水位在地面以下1.5~2米为最好。

②水质要求：鸡场用水比较多，每只成年鸡每天的饮水量平均为300毫升；在夏季炎热条件下饮水量增加1~2倍。因此，鸡场必须要有可靠、充足的水源，并且位置适宜，水质良好，便于取用和防护。具体水质要求参照标准NY 5027—2008《无公害食品　畜禽饮用水水质》(参见附录一)。

③空气质量要求：见表6-1。

表6-1　肉鸡场空气环境质量指标

序号	项　目	场区	雏鸡舍	成鸡舍
1	氨气（毫克/米³）	5	10	15
2	硫化氢（毫克/米³）	2	2	10
3	二氧化碳（毫克/米³）	750	1 500	1 500
4	可吸入颗粒物①（标准状态，毫克/米³）	1	4	5
5	总悬浮颗粒物②（标准状态，毫克/米³）	2	8	8
6	恶臭（稀释倍数）	50	70	70

①可吸入颗粒物：是指悬浮在空气中，能进入人体呼吸系统的直径≤10微米的颗粒物。

②总悬浮颗粒物：指悬浮在大气中不易沉降的所有的颗粒物，包括各种固体微粒，液体微粒等，直径通常在0.1~100微米之间。

分区布局

(1) 合理分区规划　鸡场的管理区、生产区和隔离区要分开，各功能区应界限分明，联系方便，见图6-3。管理区设在场区常年主导风向上风处及地势较高处，主要包括办公设施及与外界接触密切的生产辅助设施，设主大门和消毒池。

生产区可以分成几个小区，每个小区内可以有若干栋鸡舍，综合考虑鸡舍间防疫、排污、防火和主导风向与鸡舍间的夹角等因素。隔离区设在场区下风向及地势较低处，主要包括兽医室、粪便处理区等。为防止相互污染，与外界接触要有专门的道路。

管理区与生产区之间要设大门、消毒池和消毒室。鸡场的分区规划要因地制宜，不能生搬硬套别的鸡场图纸，图 6–3 给出了肉鸡场理想的分区规划。最为合理的方案应按地势高低和主导风向将各种房舍从防疫环境需要的先后次序给以合理的安排。但是如果地势与风向不是同一方向，而按防疫要求又不好处理时，则以主导风向为主；与地势要求不相符合的地方挖沟或设障加以弥补。

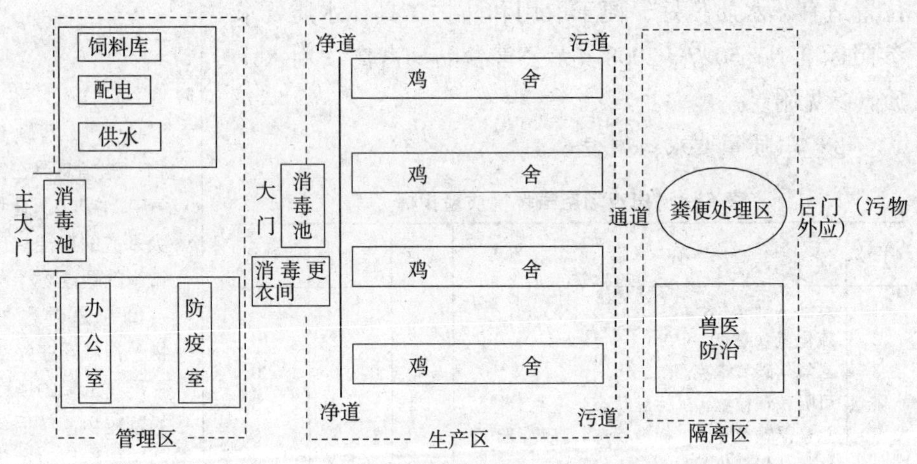

图 6–3　肉鸡场的合理分区

（2）鸡舍的排列　鸡舍排列的合理性关系到场区小气候、鸡舍的采光、通风、建筑物之间的联系、道路和管线铺设的长短、场地的利用率等。鸡舍群一般采取横向成排（东西）、纵向呈列（南北）的行列式，即各鸡舍应平行整齐呈梳状排列，不能相交。鸡舍间的排列要根据场地形状、鸡舍的数量和每幢鸡舍的长度，布置为单列、双列或多列式，比如图 6–3 中的鸡舍排列属于单列式。不管哪种排列，一定要注意净道①与污道②的严格分开。

①净道：指鸡群周转、饲养人员行走、场内运送饲料的专用道。

②污道：指粪便等废弃物、病死鸡出场的道路。

（3）鸡舍的朝向　鸡舍的朝向要由地理位置、气候环境等来确定，应满足鸡舍日照、温度和通风的要求。选取三个地方为例，北京最佳朝向为南偏西 30°~45°，广州、上海南偏东（0°~15°）为最佳，见图 6–4。

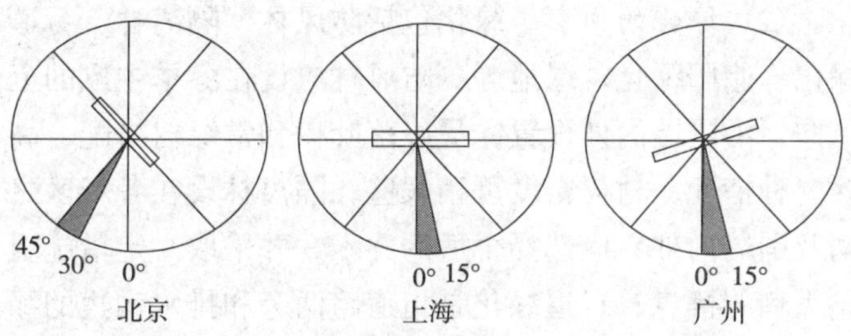

图 6–4　三个代表城市的适宜朝向

（4）鸡舍的间距　鸡舍建筑材料一般耐火等级为二级或三级，间距 8~10 米即可满足防火要求。一般防疫要求的间距应是舍高的 3~5 倍。从日照角度考虑，间距与养殖场所在地有关，一般控制在 1.5~3.7 倍。鸡舍间距取舍高的 3~5 倍时，可满足下风向鸡舍的通风需要。总之，鸡舍间距达到鸡舍高度的 3~5 倍时就可满足防疫、日照、通风、消防等要求。

场区绿化

（1）绿化的意义　场区绿化是养鸡场建设的重要内容，不仅美化环境，更重要的是能净化空气、降低噪声、遮挡风沙、调节小气候、改善生态平衡。绿化规划要结合区与区之间、舍与舍之间的距离、遮荫及防风等需要进行，绿化覆盖率不低于 30%。具体间距要求见表 6–2。

①乔木：有一个直立主干、且高达6米以上的木本植物，比如木棉、松树、玉兰、白桦。

②灌木：今指植株矮小，靠近地面枝条丛生而无明显主干的木本植物，如玫瑰、龙船花、映山红。

表 6-2　植树与建筑水平间距

名　　称	最小间距（米）	
	至乔木①中心	至灌木②中心
有窗建筑物外墙	3.0	1.5
无窗建筑物外墙	2.0	1.5
道路侧面外缘，挡土墙脚、陡坡	1.0	0.5
人行道	0.75	0.5
2米以下的围墙	1.0	0.75
排水明沟边缘	1.0	0.5

(2) 绿化的内容　绿化包括防风林、隔离林、行道绿化、遮阳绿化、绿地等。防风林应设在冬季主风的上风向，沿围墙内外设置，最好落叶树和常绿树搭配，高矮树种搭配，植树密度可稍大些；隔离林设在各场区之间及围墙内外，应选择合适的乔木，并采取一定措施阻止飞鸟的栖息；行道绿化是指道路两旁和排水沟边的绿化，起到路面遮阳和排水沟护坡的作用，可选用灌木；遮阳绿化一般设于鸡舍南侧和西侧，起到为鸡舍墙、屋顶、门窗遮阳的作用；绿地绿化是指鸡场内裸露地面的绿化，可植树、种花、种草，也可种植有饲用价值或经济价值的植物，如果树、苜蓿、草坪、草皮等，将绿化与养鸡场的经济效益结合起来。

2.鸡舍建筑设计

鸡舍的合理建筑设计是安全生产、取得良好经济效益的前提条件，可以使温度、湿度等控制在适宜的范围内，促进鸡群充分发挥生产潜力，实现最大的经济效益。

鸡舍类型

(1) 密闭式鸡舍　鸡舍采用密闭式人工环境控制系统，负压纵向、横向通风相结合，保证舍内空气新鲜流通，温、湿度符合肉鸡生理生长需要。鸡舍四周墙体及房顶、地面采用保温隔热材料。冬季有专门供暖设备，夏季采用水帘降温，以提供合适的温度条件。有自动供料系统，保证鸡只均匀采食；有自动除粪系统，以减少空气污染，减轻人工劳动强度。采用全进全出的饲养管理及完善的消毒设施，有效杜绝外来病原的侵入。

密闭式鸡舍因建筑成本昂贵，要求24小时提供电力等能源，技术条件也要求较高，故我国农村鸡场及一般专业户都不采用此种鸡舍。这种鸡舍能给鸡群提供适宜的生长环境，鸡群成活率高，可以大密度饲养，一般适宜于大型机械化鸡场和育种公司。

(2) 全开放式鸡舍　此种鸡舍为利用自然环境因素的节能型鸡舍建筑，主要依赖空气自然流动进行舍内通风换气，自然采光。鸡舍采用轻钢结构、复合保温板或者塑料大棚等装配，工程工艺采用节能措施。

其中塑料大棚鸡舍（图6-5）投资少，比房屋结构大大降低了建筑成本；操作方便，可以灵活选用机械化操作或者人工操作，已经被广大养殖户认可。一般鸡舍跨度（宽度）7～10米，长度根据饲养规模可大可小，20～80米均可，横切面最高点为2.7～2.85米，两肩高0.85～1.10米，两肩以下为通风调节口，两肩以上为弓形棚顶。棚两侧边缘用砖砌30厘米高墙，可缓冲进入的冷空气，同时作为隔断。

根据当地环境每隔一定距离（不宜超过30米）在棚两侧各建一炉灶，炉腔口在舍外，在一侧棚下挖1米深坑建炉腔，炉腔连舍内火道（35厘米内径的钢瓦管）约20米出棚接烟囱，舍外烟囱高2.8～3.5米。舍内火道开始1米处要用砖砌再接钢瓦管，可防止钢瓦管烧裂。

(3) 半开放式鸡舍　半开放式鸡舍为利用自然环境

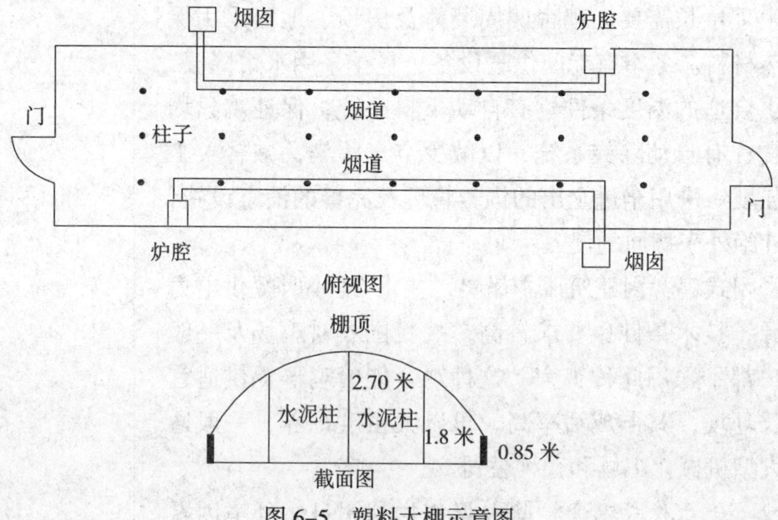

图 6-5　塑料大棚示意图

因素的节能型鸡舍建筑，利用太阳能、鸡群体热和棚架蔓藤植物遮荫等自然环境条件。该类鸡舍配备塑料编织卷帘或双层玻璃钢两用通风窗，通过卷帘机或开窗机控制通风换气。长出檐的亭檐和地窗增强可通风效果，降低鸡舍温度。通过南向内外两层卷帘或双层窗的温室效应和隔热作用，达到冬季增温和保温效果（图 6-6）。

鸡舍建筑一般设置为长 30~60 米，宽 7~9 米，高

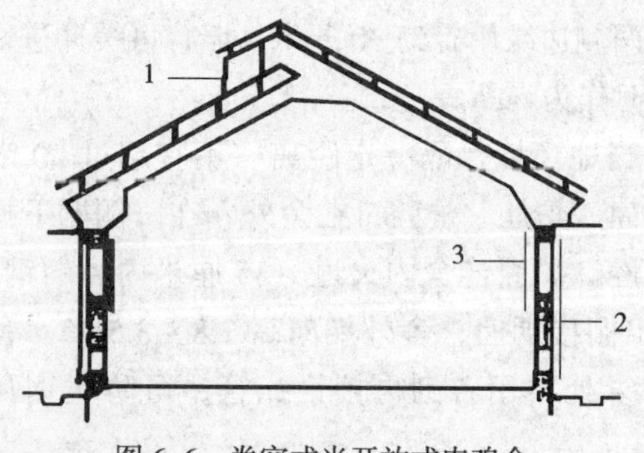

图 6-6　卷帘式半开放式肉鸡舍

1.排气窗　2.外卷帘布　3.内卷帘布

2.5~2.8 米，利用横向自然通风方式即可以满足鸡舍环境要求。如再加大宽度，则需要配合机械通风。冬季关严卷帘或门窗，尽量避免缝隙冷风渗透以利保温。夏季门窗、卷帘全部打开，地窗打开，这样在上部可形成较宽的通风带，下部地窗可形成“扫地风”，加速了舍内空气的流动，降低鸡的体感温度。早春、晚秋，早、晚关闭或半闭，其他时间打开，便于自然通风。

建筑要求

(1) 建筑材料的选择　对建筑材料总的要求是：导热系数①小，容重②小，具有较好的防火和抗冻性，吸水吸湿性强，透水性小，耐水性强，具有一定的强度、硬度、韧性和耐磨性。

(2) 基础结构

①基础：是地下部分，基础下面的承受荷载的那部分土层就是地基。地基和基础共同保证鸡舍的坚固、防潮、抗冻、抗震和安全。

②墙：对舍内温湿状况的保持起重要作用，要求有一定的厚度、高度，还应具备坚固、耐久、抗震、耐水、防火、防冻、结构简单、便于清扫和消毒的基本特点。一般为 24 厘米或 36 厘米厚。

③屋顶：形式主要有单坡式、双坡式、平顶式、钟楼式、半钟楼式、拱顶式等，见图 6-7。单坡式一般用于宽度 4~6 米的鸡舍，双坡式一般用于宽度 8~9 米的鸡舍，钟楼式一般用于自然通风较好的鸡舍。屋顶除要求不透水、不透风、有一定的承重能力外，对保温隔热要求更高。天棚必须具备：保温、隔热、不透水、不透气、坚固、耐久、防潮、光滑、结构严密、轻便、简单且造价便宜等特点。在南方干热地区，屋顶可适当高些以利于通风，北方寒冷地区可适当矮些以利于保温。

④门：门的位置、数量、大小应根据鸡群的特点、饲养方式、饲养设备的使用等因素而定。鸡舍的门宽应

①导热系数：是指在稳定传热条件下，1 米厚的材料，两侧表面的温差为 1 度，在 1 小时内，通过 1 米^{2}面积传递的热量。

②容重：一般是工程上用的 1 米^{3}的重量，即单位容积内建筑材料的重量。

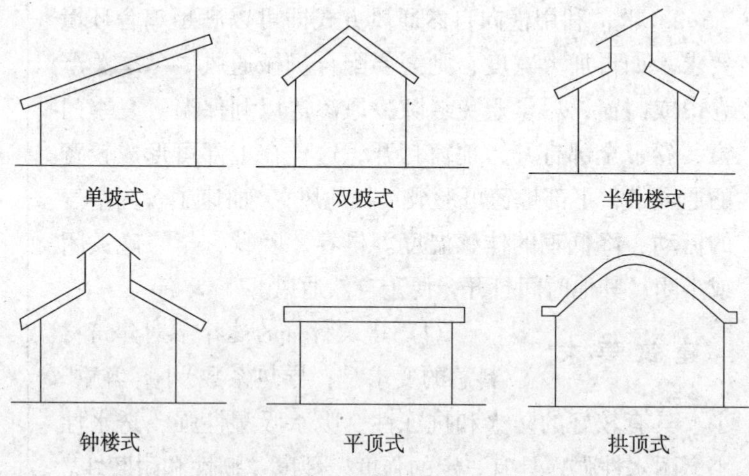

图 6–7　鸡舍屋顶形式

考虑所有设施和工作车辆都能顺利进出。一般单扇门高 2 米，宽 1 米；双扇门高 2 米、宽 1.6 米(2 米 × 0.8 米)。为了便于小推车进出方便，门前可不留门槛。有条件的可安装弹簧推拉门，最好能自动保持在关闭的位置。

⑤窗：一般窗的总面积为地面面积的 15%左右，南窗面积比北窗大，北窗为南窗面积的 2/3 左右。寒冷地区的鸡舍在基本满足采光和夏季通风要求的前提下窗户的数量尽量少，窗户也尽量小。在南北墙的下部一般应留有通风窗（地窗），尺寸 30 厘米 × 30 厘米即可，并在内侧蒙上铁丝网和设有外开的小门，以防禽兽入侵和便于冬季关闭。鸡舍屋顶设天窗，间距与大小根据整体建筑结构调整，可以每隔 6 米一个，天窗为 60 厘米直径的圆形；也可以每隔 3 米一个，则天窗设为 30 厘米直径的圆形。天窗的设计要便于开关，上边需安装顶帽。

⑥地面：要求光、平、燥；有一定的坡度；设排水沟；便于清扫消毒、防水和耐久。

⑦过道：宽度小的平养鸡舍，通常将通道设在北侧，宽约 1.2 米；宽度大于 9 米的鸡舍通道一般在中央，宽约1.5 米。

图 6-8　肉鸡舍窗的位置

舍内建筑空间设计

（1）*宽度确定原则*　宽度根据鸡舍屋顶形式、鸡舍类型和饲养方式调整，一般开放式鸡舍 6~10 米，密闭式鸡舍 12~15 米。宽度设定要符合下列要求：横向通风①时，从进风窗进入鸡舍的冷空气(风速不小于 3 米 / 秒)能够射到鸡舍上部中央区域。

（2）*长度确定原则*　纵向通风①时，沿鸡舍纵向两侧的温差不应该超过 3℃，由此确定鸡舍不宜超过 120 米。宽度 6~10 米的鸡舍，长度一般在 30~60 米；宽度较大的鸡舍如 12 米，长度一般在 70~80 米。机械化程度较高的鸡舍可长一些，但不能超过 120 米，否则机械设备的制作与安装难度较大，材料不易解决。

（3）*高度确定原则*　应从投资、保温效果、纵向通风、设备安装、是否利于人员操作、习惯等角度综合考虑。当高度过高时，投资增加、鸡舍横截面积大，不利于纵向通风；当高度过低时，安装设备后，不利于人员

①横向通风与纵向通风：这是两个相对的概念，比如一般鸡舍建成东西走向（东西长、南北短），则南北通风就属于横向通风，东西通风就属于纵向通风。

操作。宽度不大、平养及不太热的地区，鸡舍不必太高，一般从地面到屋檐口的高度2.5米左右即可。

(4) 面积确定原则　鸡舍面积由鸡舍宽度、长度决定，其面积的大小直接影响鸡的饲养密度。快大型肉鸡与优质肉鸡的合理饲养密度参照《商品肉鸡的健康养殖技术》一章，大型商品鸡场占地面积及建筑面积见表6–3。

①参考《集约化养鸡建设标准(摘要)》

表6-3　商品肉鸡占地面积及建筑面积控制指标表①

饲养规模（万只）	占地面积（米^2）	总建筑面积（米^2）
100	63 300～109 000	15 620～28 500
50	33 570～57 660	8 580～15 150
10	10 830～13 760	2 600～3 690

3.配套设施与环境控制

温度控制

太阳辐射热、外界气温以及鸡群散发的热均是鸡舍温度的来源。在总散热量中约有80%通过皮肤、10%通过呼吸道来散发。不同日龄肉鸡的适宜温度见表4–10。

(1) 常用加温设施

①煤炉供暖：见图6–9，经济实惠，简单易行；缺点是温度难以精确控制，温度不均。如果鸡舍保温性能良好，一般1个火炉可供15~20米^{2}采暖。火炉的烟道要根据风向放置，以免火炉倒烟造成一氧化碳中毒。

②育雏伞供暖育雏：干净卫生，雏鸡可在伞下进出，寻找适宜的温度区域；缺点是耗电较多。保温伞下沿一般离地20～30厘米，具体使用依据可以参照图4–9。

③热风炉供暖：见图6–10。当燃煤点燃后，火焰使

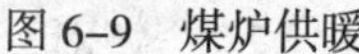
图 6-9　煤炉供暖

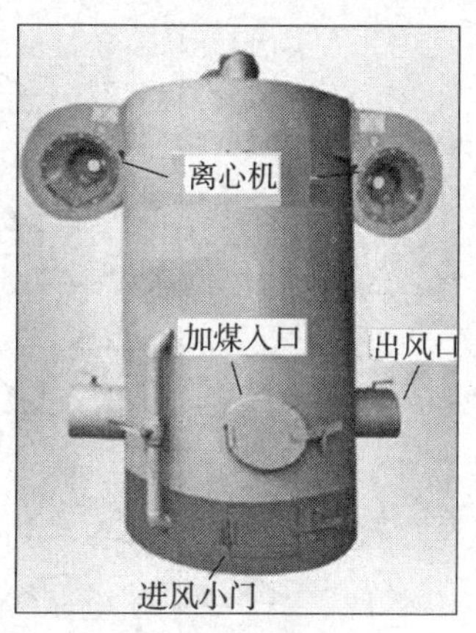

图 6-10　热风炉

炉心及炉膛处于红热状态，低温空气经热风炉下半部的预热区充分预热后进入离心风机，再由离心机鼓入炉心高温区，在炉心循环时气温迅速升高，然后由出风口进入鸡舍，热空气与舍内空气混合后，使舍温迅速提高，并保证了空气的新鲜清洁。热风炉在鸡舍操作间一端安装，在舍内舍外安装均可。热风炉的另一端，安装风机纵向通风，使舍内温度相对均匀。

④火炕加热：见图 6-11。这种方式虽然比较原始，但是有利于雏鸡生长发育，温度从下向上，有利于雏鸡卵黄的吸收和减少鸡白痢的发生，所以还有许多农户采用。鸡舍一侧单设一间架火工作室，火炉口设在架火工作室对面墙地面以下的中央部。炉口至少要设两层，下层为出灰膛，便于清理煤灰；上层为加煤膛，深度要比下层深一些，每隔一定间距铺上炉条，呈外高里低倾斜排列。主烟道要足够宽、深，呈缓上坡状向内延伸至对面墙，分成南北两条支烟道，支烟道呈缓上坡状由内向外延伸至架火工作室中央，于稍高于地面处分别与烟囱相连。炉口与烟囱底部分别备有铁皮盖和插板，根据需要可以调节炉火的燃烧程度。

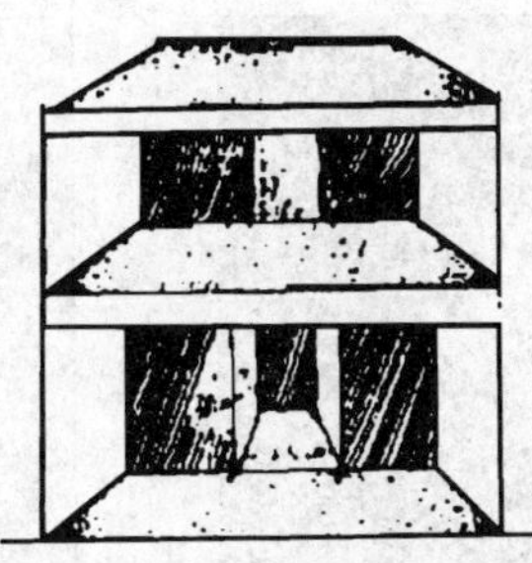
火炕正面火炉口

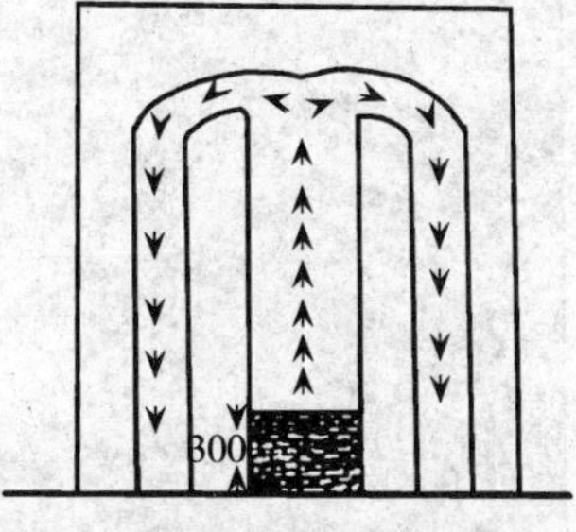

火炕俯视切面图

图 6-11　火炕加热设计图

(2) 常用降温设施

①水帘降温法：见图 6-12。当环境温度超过 32℃时，增加通风量并不能提供舒适凉爽的环境，有条件的地方如果用深水井的水浸泡水帘，可以使鸡舍内的温度明显下降。我国自 20 世纪 80 年代后期开始推广水帘蒸发降温，应用日趋广泛。

关闭的风机

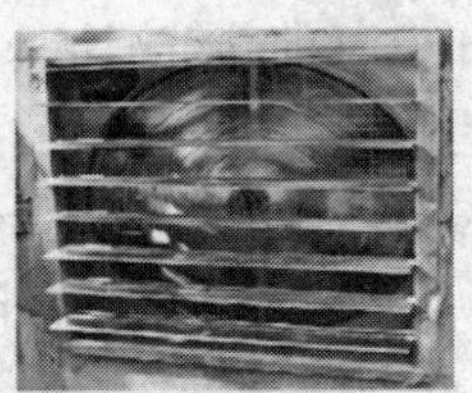
开启的风机

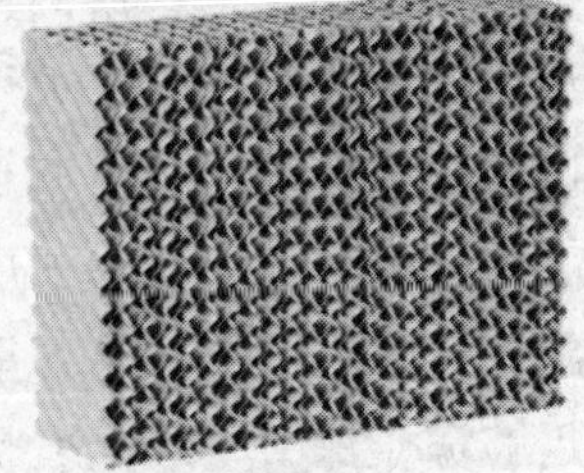
水帘

图 6-12　水帘、风机组合降温

②自动喷雾降温设备：见图 6-13。在酷热的夏季，鸡舍温度较高，利用自动喷雾降温设备在鸡舍内喷洒极

细微雾滴，大量雾滴在降落过程中因吸热而汽化，从而使鸡舍温度降低，达到高温应急降温的目的。缺点是长时间使用会使舍内湿度加大，高温高湿时降温效果较差，应慎重使用。

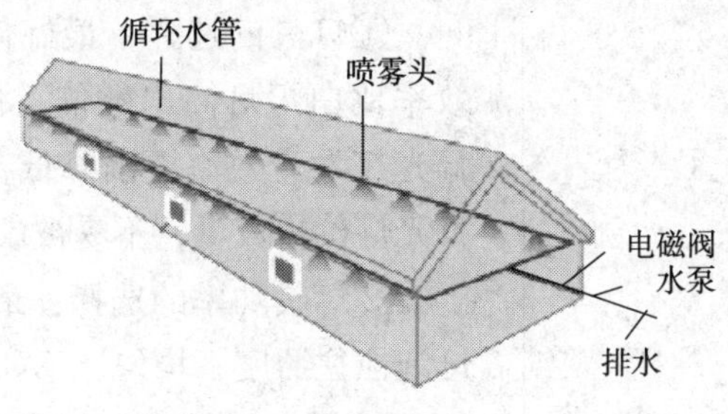

图 6-13 高压喷雾系统示意图

③屋顶喷水降温：在部分养殖户中，夏季屋顶降温也是一种经济实惠、简单易行的选择。在鸡舍旁边挖一口水井，用水泵将地下水抽到鸡舍屋顶，在屋顶中间设置 1~2 根塑料管，在水管的前后(或左右)制作多个漏水孔眼，水可经孔眼漏出留在屋顶的瓦片上。通过合理的设计还可以将从屋顶流出的水回收，循环使用节省用水。

湿度控制 湿度主要来源于三个方面：一是鸡群排出的水分与呼出的水汽；二是水汽随外界空气进入舍内；三是饮水洒漏及其他偶然因素。主要控制措施如下：温度过低时，在水溶液中兑消毒药对鸡舍进行喷雾，既可有效降低鸡舍有害病菌的数量，又可减少灰尘增加湿度，一般每次的用水量为每 100 米^{3}空间 8 升水左右；当湿度过高（超过 80%）时需合理增加通风并向鸡舍地面撒生石灰解决高湿问题；墙壁和地面应设防潮层。

光照控制 (1) 光的来源 总体分为自然光照和人工光照。自然光照就是让太阳直射光或散射光通过鸡舍的开放部分(比如窗户）进入舍内以达到照明的目的。人工光照可以补充自然光照的不足，而且可以按照动物的生物学要求建立人工照明制度。可以选择的光源有白炽灯、高效荧光灯、高压钠灯等。

(2) 照明工具的实际安装

①灯具的选择：最好使用白炽灯，虽然日光灯发光效率比白炽灯高出数倍，但当环境温度降到1~14℃时，日光灯发光效率逐渐降低甚至降为正常时的60%；而且日光灯价格较贵，不易被农户接受。

②灯具功率的选择：最好使用60瓦以下的灯泡，大灯泡往往照度不均匀，不如多挂几个功率较小的灯泡。

③提高灯具的利用率：使用伞灯并注意灯泡清洁。据测定，有伞灯比无伞灯的光照强度增加50%，清洁灯泡比脏灯泡的光照强度高1/3。

空气净化

鸡舍空气的净化分为粉尘净化与有害气体净化，影响鸡群的有害气体主要涉及氨气、硫化氢、一氧化碳等，最大允许浓度分别为25厘米^3/米^3、6.6厘米^3/米^3、0.8厘米^3/米^3。空气净化的措施有：

(1) 加大通风换气量　少量有害气体不会时肉鸡有明显的影响，但当有害气体会不断地在鸡舍内聚集，最终达到对鸡的健康和生产性能造成危害的浓度，而加大鸡舍内的通风换气量可以有效解决这一问题。

(2) 采用物理吸附法　鸡舍内的氨气、硫化氢等有害气体可以直接利用沸石、活性炭、生石灰、木炭、煤渣等表面积大、吸附作用强的物质进行净化，它们不仅能够降低鸡舍内有害气体的浓度，而且还可以吸收空气与鸡粪中的水分，有利于调节鸡舍内的湿度。其中沸石粉在生产中的利用较为广泛，将其撒在新鲜鸡粪的表面或鸡舍地面上，用量为粪便总量的2%~5%；煤渣常用作鸡舍垫料，按0.5千克/米^{2}的用量在其中混入硫黄效果会更好。常用吸附原料见图6-14。

通风控制

(1) 通风的目的　通风直接关系到温度、湿度、有害气体浓度、微生物粉尘及饲养环境中的氧气含量等环境因素，所以可以

图 6–14　物理吸附鸡舍废气的几种原料

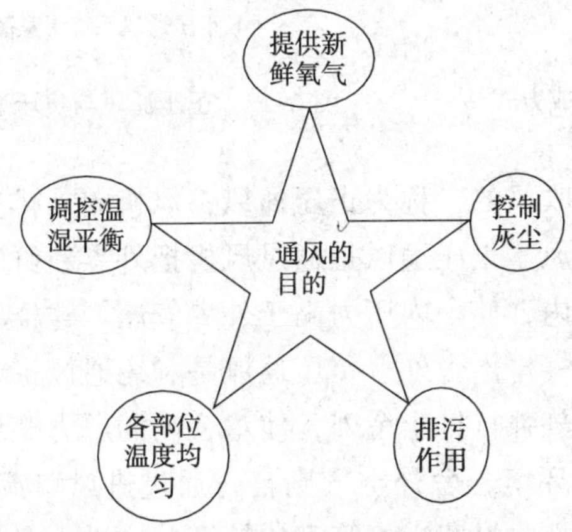

图 6–15　通风的五个目的

说环境控制的核心环节就是通风（图6–15）。

（2）自然通风与机械通风　通风方式有自然通风和机械通风两种。自然通风依靠自然风（风压作用）和舍内外温差（热压作用）形成的空气自然流动，使鸡舍内外空气得以交换（图 6–16）。依靠自然通风的鸡舍宽度不可太大，以 6~7.5 米为宜，最大不应超过 9 米。机械通风即依靠机械动力强制进行鸡舍内外空气的交换，主要分为正压通风与负压通风。

（3）正压通风与负压通风　形成方式见图 6–17。风

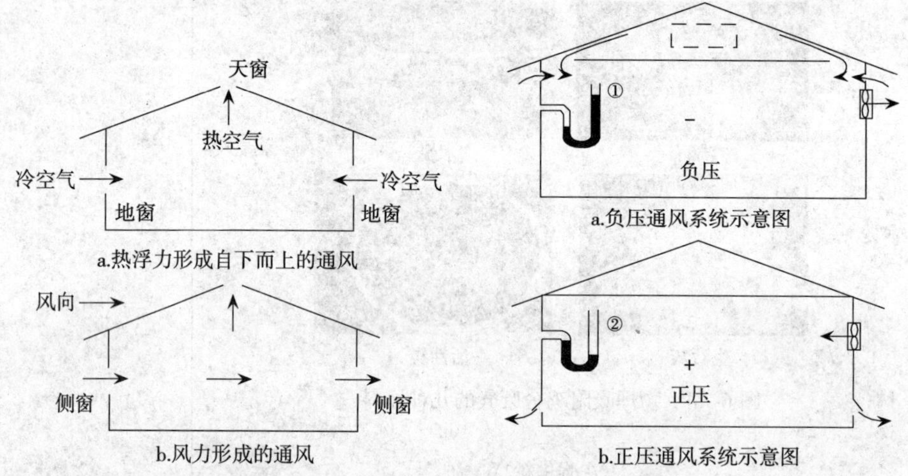

图 6-16　自然通风的不同形成方式　　　图 6-17　正压通风与负压通风示意图

①如果接水银柱U形连通管，由示意图可见：负压通风时，舍外大气压强大于舍内，连通管舍外部分（左侧）水银柱下降，舍内部分（右侧）水银柱上升。

②正压通风时，舍外大气压强小于舍内，连通管舍外部分（左侧）水银柱上升，舍内部分（右侧）水银柱下降。

机向舍内吹风的，称为正压通风；风机向外排风的，称为负压通风。正压通风是通过风机把外界新鲜空气强制送入鸡舍内，使舍内压力高于外界气压，这样将舍内的污浊的空气排出舍外。负压通风是利用通风机将鸡舍内的污浊空气强行排出舍外，使鸡舍内的压力略低于大气压成负压环境，舍外空气则自行通过进风口流入鸡舍。负压通风方式投资少，管理比较简单，进入舍内的风流速度较慢，鸡体感觉比较舒适。

(4) 横向通风与纵向通风　非封闭式鸡舍采用自然通风时一般选择横向通风；采用机械负压通风时，横向通风与纵向通风相比具有很大的缺点（表 6-4）。纵向通风排风机全部集中在鸡舍污道端的山墙上或山墙附近的两侧墙上。进风口则开在净道端的山墙上或山墙附近的两侧墙上，将其余的门和窗全部关闭，使进入鸡舍的空气均沿鸡舍纵轴流动，由风机将舍内污浊空气排出舍外。纵向通风设计的关键是使鸡舍内产生均匀的高气流速度，并使气流沿鸡舍纵轴流动。

表 6-4 横向通风与纵向通风的特点对比

通风方式	横向通风	纵向通风
通风效果	不均匀，死角多	均匀，无死角
对疾病传播的影响	相邻鸡舍对吹对吸，容易导致扩散传染病	风机均设在污道一端的山墙上，进气口都设在另一端的山墙上，减少了鸡舍间交叉污染和疾病传播的机会
应激影响	应激较大	外界气候和环境温度的变化对鸡群的影响较小，风机噪声及外界应激因素对鸡群产生的惊群系数减小
投资与电能	采用机械横向通风，电能消耗多于纵向通风鸡舍近 1 倍	每栋只需 3～4 台同功率风机，减少了进气阻力

(5) 通风量的要求 通风量应按鸡舍夏季最大通风值设计，安装风机时最好大小结合，以适应不同季节的需要。夏季风速以 1.0 ~ 2.0 米 / 秒为宜，冬季不应超过 0.3 米 / 秒。排风量相等时，减少横断面空间，可提高舍内风速，因此三角屋架鸡舍，可每三间用挂帘将三角屋架隔开，以减少过流断面。长度过长的鸡舍，要考虑鸡舍内的通风均匀问题，可在鸡舍中间两侧墙上加开进风口。根据舍内的空气污染情况、舍外温度等决定开启风机的多少。一般来说，夏季密闭式鸡舍每千克体重每小时的换气量为 7 ~ 9 米 ^{3}，半开放式鸡舍每小时每千克体重的换气量不少于 15 米 ^{3}。

例 1：某农户在密闭式鸡舍饲养肉鸡 1 万只，平均体重 2 千克，该鸡舍宽 12 米，高 2.5 米想进行纵向通风并安装合适风机，则计算如下：

总通风量 = 鸡舍内鸡的总数（只） × 平均体重（千克·只） × 9.0 米 ^{3}/（小时·千克） =10 000 × 2 × 9.0=180 000（米 ^{3}/ 小时）；

风机台数 = 总通风量 ÷ 风机功率 =180 000 ÷ 56 000=3.2 台，可以安装风量为 56 000 米 ^{3}/ 小时风机 3 台， 13 000 米 ^{3}/ 小时风机 1 台。

风速 = 总通风量 ÷ 横截面积 =180 000 ÷（12 × 2.5） ÷ 3 600=1.67（米 / 秒），能够满足夏天的通风要求（1.0~2.0

米/秒)。

(6) 夏季利用水帘风机系统通风　水帘可用芦苇、竹片、作物秸秆、湿帘纸符编织而成，将其安装在鸡舍的一端或者两侧的窗户位置。使用前，应用水泥将窗口及其下墙壁抹面，窗外地面附近砌一水池。在鸡舍的另一端安装风机纵向通风，当通风机启动时，鸡舍水帘一端的空气经过水帘冷却，进入鸡舍内为凉空气，通过此种通风方式降温。当风速超过 0.5 米/秒以上时，鸡体有效温度随风速的增加而急剧下降。实际生产中，水帘与风机的安装位置可以因地制宜、灵活掌握（图 6-18）。

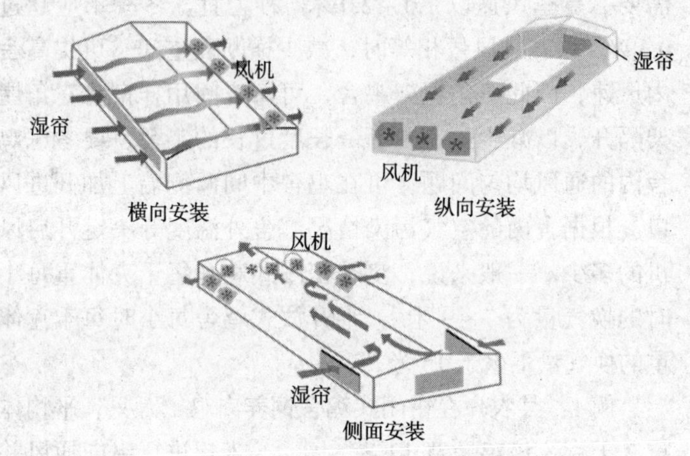

图 6-18　风机水帘的灵活安装

(7) 冬季保温前提下的通风要求　冬季通风主要解决舍内空气质量、空气流动和舍内温度的问题，让外界冷空气通过屋顶或侧墙进风口进入后与屋顶热空气混合，然后再流向鸡只，输送新鲜氧气，排除舍内氨气、二氧化碳等废气。鸡舍结构要严密，以免舍内局部出现低温、贼风等。

七、鸡场生物安全体系

目标

- 了解生物安全的重要性
- 熟悉生物安全措施的主要内容
- 掌握生物安全措施的实施方法

肉鸡传染病发生时，随着时间的推移和空间的延伸，病毒、细菌等致病微生物或寄生虫的数量会迅速增长直至产生整体势力，暴发难以控制的疫情。因此，生物安全体系就是根据传染病流行途径而采取的措施：消灭传染源，切断传播途径，保护易感动物。具体包括消毒、隔离、免疫接种、驱虫灭害等。

1. 消毒

消毒是指利用物理、化学和生物学的方法清除或杀灭外环境（各种物体、场所、饲料、饮水及畜禽体表皮肤）中的病原微生物及其他有害微生物。消毒是肉鸡场控制疾病的重要措施，一方面可以减少病原进入鸡舍，另一方面可以杀灭已进入鸡舍的病原。消毒一般包括物理消毒法、化学消毒法及生物消毒法。

物理消毒法 物理消毒法是指应用物理因素杀灭或清除病原微生物及其他有害生物的方法，包括以下几种：

（1）清除消毒　通过清扫、冲洗、洗擦和通风换气

图 7–1　清除粪便后的鸡舍

等手段达到消除病原体的目的，是最常用的消毒方法之一（图 7–1）。具体步骤为：

彻底清扫→冲洗（高压水枪）→喷洒 2%~4%烧碱溶液→（2 小时后）高压水枪冲洗→干燥→（密闭门窗）福尔马林熏蒸 24 小时→备用（有疫情时重复 2 次）。

（2）紫外线消毒　紫外线可以改变细菌及其代谢产物的某些分子基因，使其酶、毒素等灭活；它又能使细胞变性，引起酶体蛋白质和酶代谢障碍而导致微生物变异或死亡。其波长以 250~270 纳米杀菌力最强；通常每 6~15 米 ^{2} 空气 1 支 15 瓦紫外灯，如按地面面积则每 9 米 ^{2} 需 1 支 30 瓦紫外灯；在灯管上部安设反光罩，离地面 2.5 米左右。灯管距离污染表面不宜超过 1 米，每次照射 30 分钟左右。

（3）高温消毒和灭菌　高温对微生物有明显的致死作用。高温可以灭活包括细菌繁殖体、真菌、病毒和抵抗力最强的细菌芽孢①在内的一切微生物。高温消毒和灭菌主要分为干热消毒灭菌和湿热消毒灭菌，其中干热消毒灭菌以火焰消毒最为常用，湿热消毒灭菌主要常用煮沸消毒法和高压蒸汽灭菌法。

①芽孢：有些细菌（多为杆菌）在一定条件下，细胞质高度浓缩脱水所形成的一种抗逆性很强的球形或椭圆形的休眠体。1 个细菌细胞只形成 1 个芽孢，有的在细胞一端，有的在细胞中部。由于芽孢是在细胞内形成的，所以也常称之为内生孢子，亦称芽孢。

图 7–2　火焰消毒

①火焰消毒：灭菌效力强。火焰消毒是典型的干热消毒灭菌法，以煤油或柴油为燃料，用火焰喷射笼具等消毒。如新城疫副黏病毒在 70℃的高温下 2 分钟可以被杀死（图 7–2）。火焰消毒器的温度能达到 300℃，对鸡舍的墙壁、地面进行细致的火焰消毒

能迅速杀死物体浅表及缝隙内的病原微生物。但在进行火焰消毒时要注意自我保护和防火。

②煮沸消毒：利用沸水的高温作用杀灭病原体。常用于针头、金属器械、工作服等物品的消毒。煮沸15~20分钟可以杀死所有的细菌的繁殖体。应用此法消毒时，一定注意是从水沸腾算起，煮沸20分钟左右。

③高压蒸汽灭菌：高压蒸汽灭菌是通过加热来增加蒸汽压力，提高水蒸气温度，达到短时间灭菌的效果。高压蒸汽灭菌具有灭菌速度快，效果可靠的特点，常用于玻璃器皿、纱布、金属器械、培养基①、生理盐水等消毒灭菌（图7–3）。

①培养基：是供微生物、动物组织生长和维持用的人工配制的养料，一般都含有碳水化合物、含氮物质、无机盐（包括微量元素）以及维生素和水等。

图7–3　高压蒸汽灭菌锅（左）及煮沸消毒（右）

化学消毒法

化学消毒方法是利用化学药物（或消毒剂）杀灭或清除微生物的一种方法。因为，微生物的种类不同，又受到外界环境的影响，所以各种化学药物（消毒剂）对微生物的影响也是不同的。根据不同的消毒对象，可以选用不同的化学药物（消毒剂）进行。

(1) *化学消毒的方法*　化学消毒方法主要有浸泡法、喷洒法、熏蒸法和气雾法等。

①浸泡法：将一些小型设备和用具放在消毒池内，用药物浸泡消毒，如蛋盘、饮水盘、试验器材等的消毒。

图 7-4　地面撒石灰消毒

②喷洒法：主要用于地面的喷洒消毒、进鸡前对鸡舍周围 5 米以内的地面用火碱或 0.2%~0.3%过氧乙酸消毒。水泥地面一般常用消毒药品喷洒。如果有芽孢污染的话，用 10%氢氧化钠喷洒。含炭疽等芽孢杆菌的粪便、垃圾的地面，铲除的表土按 1∶1 的比例与漂白粉混合后深埋，地面再撒上 5 千克 / 米 ^{2} 漂白粉。大面积污染的土壤和运动场地面，可翻地，在翻地的同时撒上漂白粉，用量为 0.5~5 千克 / 米 ^{2} 混合后，加水湿润压平。

③熏蒸法：将消毒药经过物理或化学处理后，使其产生杀菌性气体，用它来消灭一些死角中的病原体。适用于密闭的鸡舍和其他建筑物。这种方法简单易行，对房屋结构无损，消毒全面，经常用于进鸡前的熏蒸消毒。常用的药物为福尔马林、过氧乙酸水溶液等。例如，按照每立方米福尔马林 30 毫升、高锰酸钾 15 克配比进行消毒，消毒完毕后封闭鸡舍 2 天以上。

④气雾法：气雾是消毒液倒进气雾发生器后喷射出的雾状颗粒，是消灭空气中病原微生物的有效方法。鸡舍经常用的主要是带鸡喷雾消毒（图 7-5），配制好 0.3%过氧乙酸或 0.1%次氯酸钠溶液，用压缩空气雾化喷到鸡体上。此种方式能及时有效地净化空气，创造良好的鸡舍环境，抑制氨气产生，有效地杀灭鸡舍内环境中的病原微生物，消除疾病隐患，达到预防疾病的目的。

图 7-5　带鸡喷雾消毒

（2）化学消毒剂种类

用于杀灭或清除外环境中病原微生物或其他有害微生物的化学药物，称为消毒剂，常用的化学消毒剂有以下几种。

①含氯消毒剂：含氯消毒剂是指在水中能产生杀菌作用的活性次氯酸的一类消毒剂，包括有机含氯消毒剂和无机含氯消毒剂（表 7–1）。其消毒作用与有效氯的含量有关，但有效氯易散失，所以应该妥善保存。一般用于鸡舍、地面、水沟、粪便、下水道等处的消毒。对金属、衣物、纺织品有破坏力，使用时应该注意。

表 7-1 无机氯和有机氯比较

项目	无机氯	有机氯
品种	漂白粉、漂白精、三合二、次氯酸钠、二氧化氯等	二氯异氰尿酸钠、三氯异氰尿酸、二氯海因、溴氯海因、氯胺 T、氯胺 B、氯胺 C 等
主要成分	次氯酸盐为主	氯胺类为主
杀菌作用	杀菌作用较快	杀菌作用较慢
稳定性	性质不稳定	性质稳定

②碘类消毒剂：包括碘伏、碘酊、碘甘油、碘仿等。目前，市场上的碘类消毒剂主要就是碘伏。碘伏能杀灭大肠杆菌、金黄色葡萄球菌、鼠伤寒沙门氏菌等百余种细菌繁殖体、真菌、结核分枝杆菌及各种病毒。液体碘伏种类更多，而且使用方便，经常以 2%~2.5%的浓度用于皮肤消毒。

③醛类消毒剂：熏蒸消毒经常用到的一种消毒剂，本消毒剂消毒范围广，可杀死细菌、芽孢、真菌和病毒；性质稳定，容易储存。可用于肉鸡房舍、仓库及饲养用具、种蛋、孵化机污染表面的消毒。常用的福尔马林为含有 36%~40%甲醛水溶液。

④强碱类消毒剂：包括氢氧化钠、氢氧化钾、生石灰等碱类物质。氢氧化钠对细菌繁殖体、芽孢和病毒有很强的杀灭作用，对寄生虫卵也有杀灭作用，浓度增

大，作用增强。2%~4%氢氧化钠溶液可杀灭病毒和繁殖型细菌，可用于喷洒或洗刷消毒鸡舍、仓库、墙壁、工作间、入口处、运输车间等；5%用于炭疽[①]消毒；30%溶液 10 分钟内可杀灭芽孢。

①炭疽：是由炭疽杆菌引起的传染性疾病。该病是牛、马、羊等动物传染病，但偶尔也可传染给从事皮革、畜牧工作的人员。

生石灰为白色或灰白色块状或粉末、无臭，易溶于水，加水后生成氢氧化钙。对一般病原体有效，但对芽孢无效。10%~20%的浓度可用于墙壁、地面、粪池及污水沟等的消毒。生石灰可从空气中吸收二氧化碳生成碳酸钙沉淀而失效，因此，石灰乳须现配现用，不宜久置。

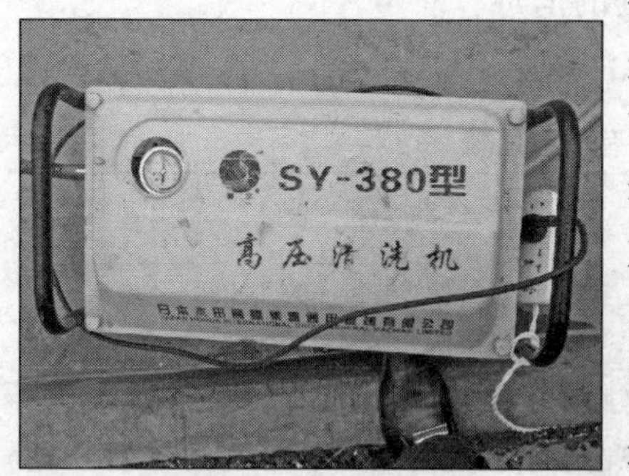

图 7–6　高压清洗机

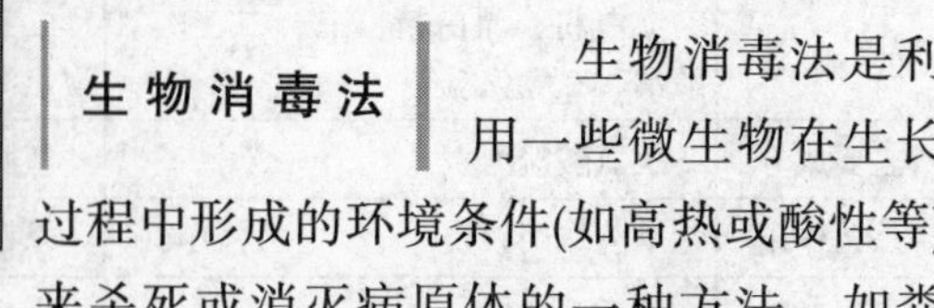

生物消毒法

生物消毒法是利用一些微生物在生长过程中形成的环境条件(如高热或酸性等)来杀死或消灭病原体的一种方法，如粪便堆积发酵。关于粪便的堆肥发酵在第八章中介绍。

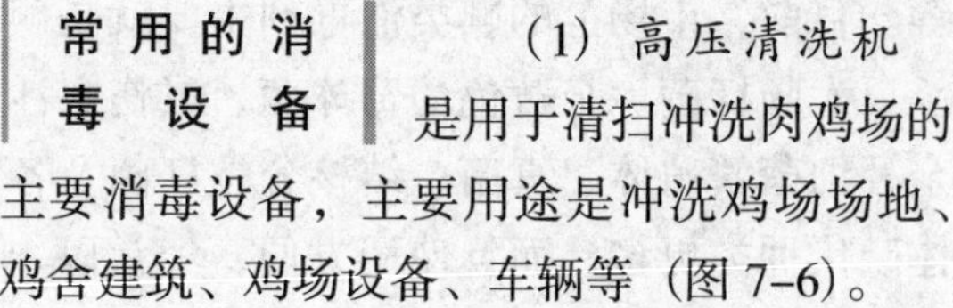

常用的消毒设备

（1）高压清洗机　是用于清扫冲洗肉鸡场的主要消毒设备，主要用途是冲洗鸡场场地、鸡舍建筑、鸡场设备、车辆等（图 7–6）。

（2）火焰灭菌设备　包括火焰喷灯和喷雾火焰兼用型。火焰喷灯直接用火焰灼烧，可以立即杀死存在于消毒对象的全部病原微生物。因为喷灯的火焰具有极高的温度，所以在实践中经常用于各种病原体污染的金属制品，如笼具的消毒。

（3）喷雾器　喷雾器主要用于场地消毒和畜禽消毒。该设备主要特点是用少量的药液即可进行大面积消毒，且喷雾迅速（图7–7）。

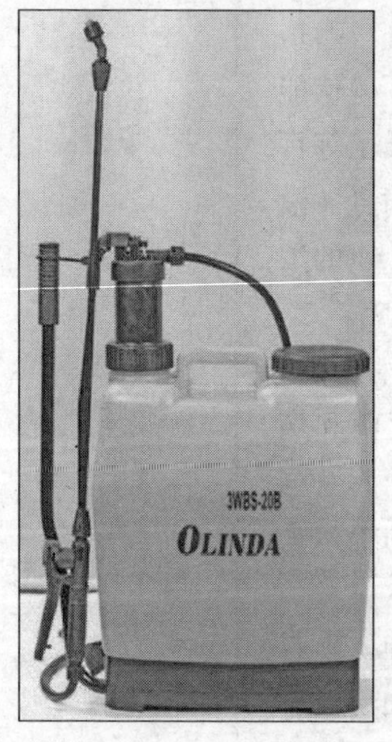

图 7–7　喷雾器

(4) 臭氧空气消毒机器　臭氧(O_3)是一种具有特殊气味的无色气体，具有很高的氧化电位（2.076伏）。臭氧溶解在水里，自行分解成羟基自由基，间接地氧化有害微生物，从而达到杀菌消毒的效果。主要用于肉鸡场的兽医室、大门口消毒室的环境空气的消毒，生产车间的空气消毒（图7-8）。

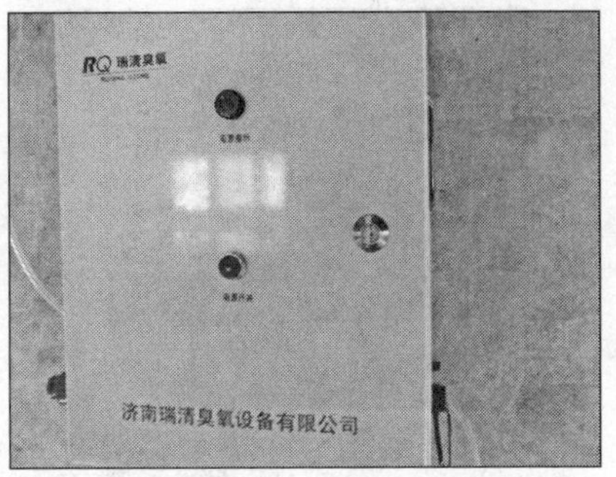

图 7-8　臭氧消毒机

肉鸡场的消毒管理

消毒是肉鸡场的一项日常工作，上面介绍了常用的消毒方法、消毒剂和消毒设施。这些都是肉鸡场经常用到的方法设备。下面从肉鸡场的管理方面介绍一下对人员和车辆消毒管理。

(1) 出入人员消毒　衣服、鞋子都可能是细菌和病毒传播的媒介，在养殖场的入口处，设置专职人员消毒、紫外线杀菌灯、脚踏消毒槽（池）（图7-9），对进出的人员实施照射消毒和脚踏消毒。人员进入生产区或生产车间前必须淋浴消毒（图7-10），换上生产区清洁服装后才能进入，进鸡舍之前再次换鞋。

(2) 进出车辆消毒　运输饲料等车辆是肉鸡场经常

图 7-9　鸡场入口的紫外灯（左）和脚踏消毒池（右）

图 7-10　脱衣换鞋工作间（左）、员工淋浴间（右）

出入的运输工具，这类物品由于面积大，所携带的病原微生物也多，因此对车辆更有必要进行全面的消毒。为此，肉鸡场门口要设置消毒池（图 7-11），消毒池要有足够的深度和宽度，至少能够浸没半个车轮，并且能在消毒池里面转过 2 圈，消毒池里面的消毒药要定期更换。

(3) 鸡舍内的消毒

图 7-11　鸡场门口消毒池

①饮水消毒：饮水中经常含有大量的细菌和病毒，所以在鸡只饮用前要对饮用水进行净化、消毒处理。经常的做法是安装净化装置（图 7-12），这样可以起到对鸡只饮用水的净化。

②粪便的消毒：鸡舍内的粪便要及时清理消毒，因

图 7-12　鸡舍内的净化装置

为粪便中含有较多的病原微生物，从而造成环境的污染。生产中经常用到的有掩埋和堆肥发酵，关于粪便的无害化处理在第八章详细介绍。

发生传染病后的消毒　发生传染病后，养殖场病原微生物大幅增加，疾病传播速度更加迅速，为了有效地控制传染病，需要及时消毒（表7-2）。

表 7-2　发生疫情时启动的消毒程序

消毒地点	消毒剂及用量	消毒方式	消毒频率
养殖场道路、鸡舍周围	5%氢氧化钠或10%石灰乳	喷洒	每日1次
鸡舍地面	15%漂白粉	喷洒	每天1次
鸡舍用具	5%氢氧化钠	喷洒	疫情期间全面消毒1次
出入人员	紫外线消毒	照射	出入时3～5分钟

其他程序：结合带鸡消毒，每天一次；粪便及时清除并进行消毒处理；疫情结束后，进行全面消毒1～2次。

2. 隔离

隔离就是将可引起传染性疾病、寄生虫病的病原微生物排除在外的安全措施。严格的隔离是切断传播途径的关键与步骤，也是预防和控制疾病的保证。隔离主要分为三个方面：科学选择场址、合理规划布局、健全配套隔离消毒设施。前二者已经在第六章中详细介绍，本节重点介绍配套隔离消毒设施。

隔离消毒设施包括防疫沟（隔离墙）、消毒池（图7–13）等。场区外需要有消毒沟，鸡场门口要有消毒池、消毒室，供人员进出、设备和用具的消毒。生产区中每栋鸡舍门口要有消毒盆。鸡舍内配备齐全的消毒设备。

图 7–13　鸡场外有防疫沟（左）、门口设立消毒池（右）

3.免疫接种

肉鸡免疫接种是用人工方法将免疫原[①]或免疫效应物质输入到肉鸡体内，从而使肉鸡机体产生特异性抗体[②]，使对某一病原微生物易感的肉鸡变为对该病原微生物具有抵抗力，避免疫病的发生和流行。免疫接种是预防和控制肉鸡传染病的一项极其重要的措施。

疫苗的概念　疫苗是将病原微生物（如细菌、立克次氏体、病毒等）及其代谢产物，经过人工减毒、灭活或利用基因工程等方法制成的、用于预防传染病的免疫制剂。疫苗保留了病原菌刺

①免疫原：指刺激机体的免疫活性细胞产生免疫应答的能力。

②抗体：机体在抗原刺激下，由B细胞分化成的浆细胞所产生的、可与相应抗原发生特异性结合反应的免疫球蛋白。

激动物体免疫系统的特性。当动物体接触到这种不具伤害力的病原菌后，免疫系统便会产生一定的保护物质，如免疫激素、活性生理物质、特殊抗体等；当动物再次接触到这种病原菌时，动物体的免疫系统便会依循其原有的记忆，制造更多的保护物质来阻止病原菌的伤害。

疫苗的种类

(1) 传统疫苗　传统疫苗是指用整个病原体例如病毒、衣原体等接种动物、鸡胚或组织培养生长后，收获处理而制备的生物制品；由细菌培养物制成的称为菌苗。传统疫苗在防治肉鸡传染病中起到重要的作用。传统疫苗主要包括灭活疫苗、弱毒疫苗、单价疫苗、多价疫苗等，如生产上常用的新城疫Ⅱ系、Ⅲ系、Ⅳ系疫苗。根据肉鸡场的实际情况选择使用不同的疫苗。

(2) 亚单位疫苗　亚单位疫苗是指提取病原体的免疫原部分制成的疫苗，因而也只能是一种灭活苗。这类疫苗不是完整的病原体，是病原体的一部分物质，故称亚单位疫苗。

(3) 基因工程疫苗　基因工程疫苗是指使用DNA重组生物技术，把天然的或人工合成的遗传物质定向插入细菌、酵母菌或哺乳动物细胞中，使之充分表达，经纯化后而制得的疫苗。基因工程疫苗则属于新一代疫苗或高技术疫苗范畴。由中国农业科学院哈尔滨兽医研究所的农业部动物流感重点开放实验室研制成功的新型高效、重组禽流感病毒灭活疫苗（H_5N_1亚型)和禽流感重组鸡痘病毒载体活疫苗就属于这一类。

疫苗的选择与保存

疫苗的种类很多，其适用范围和优缺点各异，不可乱用和滥用。对于已有该病流行或威胁的地区，应根据疾病流行情况的严重程度，选择不同类型的疫苗。疾病较轻的，可选择比较温和的疫苗；疾病严重流行的地区，则可以选择效力较强的疫苗类型。另外，选择疫苗时，还应该考虑肉鸡接种该疫苗后会不会有不良反应，比如会造成肉种鸡产蛋期产蛋量下降。当鸡群处于疾病状态时，还应该考虑提前用抗应激的药物，使鸡群受到的应激最小。

疫苗质量的好坏可用很多指标去衡量，例如安全性、保护率、稳定性等。影响疫苗的质量主要包括以下几个部分：

(1) *疫苗检查* 拿到疫苗后首先观察疫苗封口有无破损、是否已过保质期、疫苗的名称以及疫苗的保存方法（图 7–14）。同时注意检查疫苗外观质量，接种前应仔细检查疫苗，凡是发现疫苗瓶破损、瓶盖或瓶塞有松动、无标签、超过保质期、色泽改变、出现沉淀等一律不得使用。

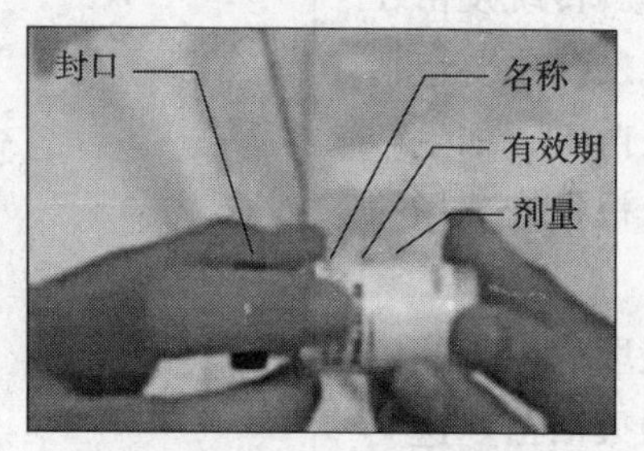

图 7–14 仔细观察疫苗

(2) *疫苗保存* 根据不同类型的疫苗选择不同的保存设备，如冷藏箱、冰箱、液氮罐（图 7–15）等，按要求将疫苗保存在适宜的温度条件下。

常用的鸡新城疫Ⅰ系疫苗、鸡新城疫Ⅱ系弱毒疫苗、鸡新城疫Ⅲ系疫苗等，这些疫苗都是活的弱毒疫苗，一定要低温保存，避免高温和阳光照射。

常用的菌苗有禽霍乱氢氧化铝菌苗、传染性鼻炎苗、大肠杆菌苗等。它们最适宜的保存温度为 2~14℃。因此，运输和保存不同的鸡疫苗的温度应有区别，应根据疫苗对温度的具体要求进行存放。另外，有些疫苗保存要求条件比较苛刻，如马立克氏病疫苗要求保存在液氮中才行。

(3) *疫苗的运输* 根据气温情况和运输疫苗的数量

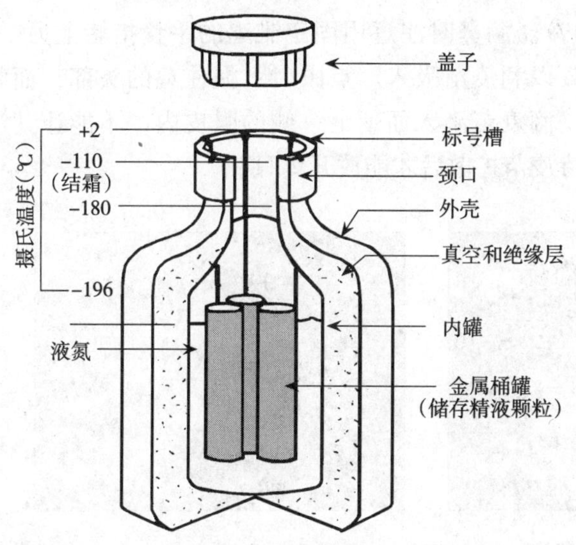

图 7-15　液氮罐示意图

准备运输工具，如保温瓶（图 7-16）、保温箱、冷藏车等。运输时间越长，疫苗的病菌（或细菌）死亡越多。运输过程如中途转运多次，则影响更大。

图 7-16　保温瓶

(4) *疫苗使用的时效性*　疫苗要在规定的时间内用完。使用饮水法免疫时，要确保肉鸡在 1 小时之内将疫苗稀释液饮完。使用注射法免疫时，在温度为 15~25℃时，必须 6 小时之内用完；25℃以上时，必须 4 小时之内用完。灭活苗开封 24 小时后禁止使用。

免疫方法

(1) *滴鼻点眼法*　按照比例将疫苗用一定量的生理盐水稀释，摇匀后用滴管（眼药水瓶也可）在鸡的眼、鼻孔各滴一滴（约 0.05 毫升），让疫苗液体进入鸡气管或渗入眼中（图

7–17)。滴鼻时注意用固定雏鸡的手食指堵上另一侧鼻孔，以利疫苗吸入。点眼时，握住鸡的头部，面朝上，将一滴疫苗滴入面朝上一侧的眼皮内，不能让其流泪，要待疫苗扩散后才能放开鸡只。

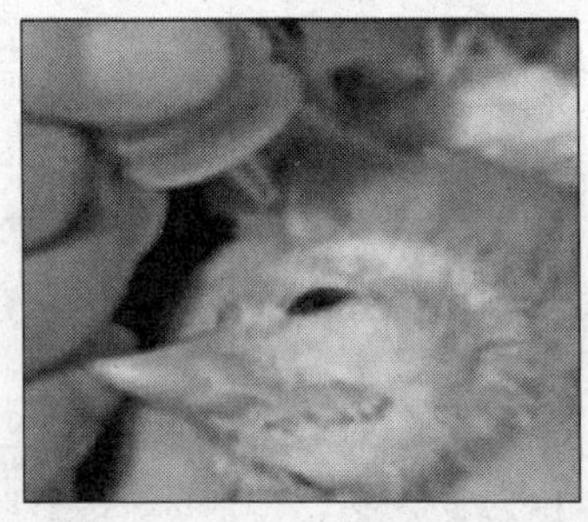
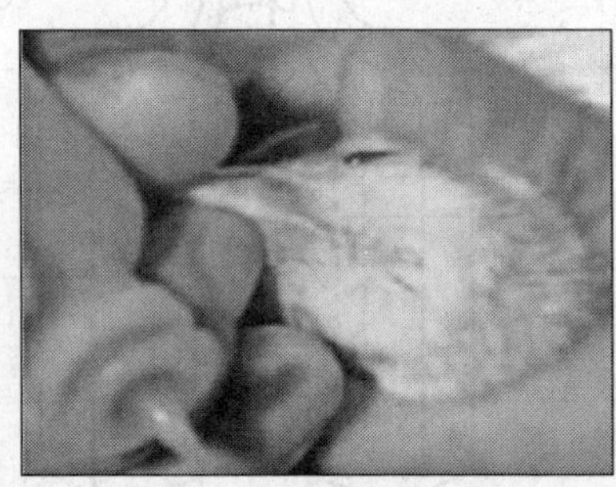

图 7–17　点眼（左）与滴鼻（右）

（2）*肌内注射法*　按照疫苗规定用量，用连续注射器在鸡腿、胸或翅膀进行肌内注射（图 7–18）。注射器、针头应洗净煮沸 10~15 分钟备用，注射器刻度清晰，不滑杆、不漏液，针头最好每羽换一个。给家禽注射过疫苗的针头，不得再插入疫苗瓶内抽吸疫苗，可用一个灭菌针头，插入瓶塞后固定在疫苗瓶上专供吸疫苗用，每次吸疫苗后针孔用挤干的酒精棉花包裹。接种部位以 3%碘酊消毒为宜，以免影响疫苗活性。根据肉鸡的大小选择针头型号与注射部位，注射部位要避开大血管、神经，选择肌肉发达处，应斜向前入针，进针方向要与肌肉呈 15°～30°角；注射时进针要稳，拔针不宜太快，保证足量的疫苗注射到动物体内；注射顺序是健康鸡群先注射，弱鸡最后注射。

（3）*皮下注射法*　适合鸡马立克氏病疫苗接种。将疫苗稀释于专用稀释液中，注射时，在鸡颈部后段(靠翅膀)捏起皮肤，刺入皮下注射（图 7–19）。

图 7-18　肌内注射

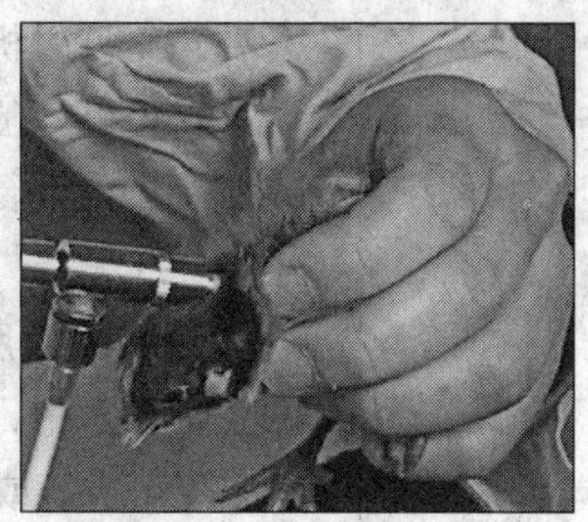
图 7-19　皮下注射

（4）翅膀内刺种法　经常用于鸡痘接种，将 1 000 只剂量的疫苗，用 25 毫升生理盐水稀释，充分摇匀，用接种针蘸取疫苗，刺种于鸡翅内侧三角翅膜区，注意避开血管。雏鸡刺一针，成年鸡刺两针（图 7-20）。

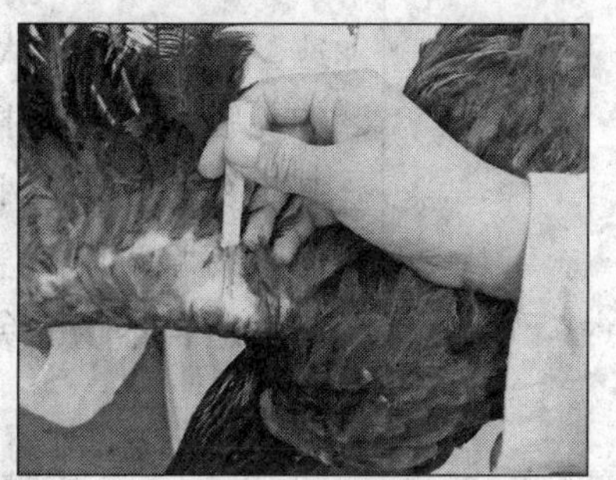
图 7-20　翅膀内刺种

（5）饮水接种法　饮水免疫就是将疫苗按要求稀释后，加入到适量的饮水中，通过鸡的饮水而使疫苗进入机体的一种免疫方法，如新城疫弱毒疫苗的免疫等。此方法虽对疫苗浪费较大，但节省人力，对鸡惊扰小。饮水免疫应注意以下几点。

①稀释方法：一般用凉开水、蒸馏水或生理盐水进行稀释，准确计算所用溶剂的质量或体积，先用少量溶剂低倍稀释，待溶解后再用溶剂稀释到要求的浓度。

②提前断水：为了让鸡在较短时间内饮完疫苗，在饮水免疫前要对鸡进行断水，断水时间一般为 2 小时左右。

③饮水要求：饮水免疫时水槽不宜过多，也不宜过少，应以每只鸡都可同时饮到水为宜，一般以半小时以内饮完，最长不要超过一个小时。水槽应洁净，不含任何消毒剂，水的深度以淹没鸡鼻孔为宜。

④免疫时机：因为此法很难保证免疫的整齐度，所以饮水免疫一般在二免或以后进行；不要随意混合疫苗或在一天内进行两种疫苗的饮水免疫，免疫间隔时间最短为2~3天。

滴肛或擦肛：将1 000头份的疫苗稀释于30毫升的生理盐水中，然后把鸡的肛门朝上，将肛门黏膜翻出，滴上疫苗1滴或用接种刷（棉拭子）蘸取疫苗刷3~5下。

参考免疫程序 肉鸡生长周期相对较短、饲养密度大，一旦发病很难控制，即使治愈，损失也比较大，并影响产品质量。因此，制定科学的免疫程序，是搞好疾病防疫的一个非常重要的环节。制定免疫程序应该根据本地区、本鸡场、该季节疾病的流行情况和鸡群状况、疫苗特性，每个肉鸡场都要制定适合本场的免疫程序。免疫程序可参考表7-3。

紧急接种 当确信已经发生疫病时，为了控制和扑灭病原防止其传播，首先根据外在表现采取相应药物治疗（附录三、附录四）；同时，

表7-3 肉（种）鸡常用免疫程序（仅供参考）

时间（日龄）	免疫项目	疫苗种类	用　法	备　注
1	马立克氏病	进口液氮苗	皮下注射	
7～8	新城疫＋传染性支气管炎	二联灭活苗 二联冻干苗	颈部皮下注射 点眼、滴鼻	
13～14	传染性法氏囊病	冻干苗	滴口	
20～21	传染性法氏囊病	冻干苗	饮水	
27～28	新城疫＋传染性支气管炎 H5＋H9	二联冻干苗 灭活苗	点眼、滴鼻 颈部皮下注射	
35～40	鸡痘	鸡痘冻干苗	皮下刺种	优质肉鸡主疫区用
55～56	H5＋H9	灭活苗	肌内注射	优质肉鸡
63～65	新城疫＋传染性支气管炎	冻干苗	饮水	优质肉鸡

（续）

时间（日龄）	免疫项目	疫苗种类	用　法	备　注
110～120	新城疫＋传染性支气管炎＋减蛋综合征	灭活苗	肌内注射	肉种鸡
130	H5＋179	灭活苗	肌内注射	肉种鸡

注：以后每 2 个月左右饮一次新城疫，免疫一次禽流感。及时检测抗体，尽量避免产蛋期不必要的免疫。

紧急接种也可有效防治疫病的蔓延。对受威胁但没有感染的鸡群，可正常免疫；但对于已经发病的鸡群应在兽医指导下按照治疗剂量免疫。必须提醒的是，紧急接种也是对鸡只的一种应激，可能会使鸡只发病数和死亡增加，但是有助于疫情的迅速控制，使大批鸡群受到保护。

4. 驱虫与灭害

大生物害虫就是肉眼可见的、能对肉鸡安全生产带来隐患的生物。肉鸡养殖场内不要饲养宠物，比如鸟、狗、猫等，并且要远离周围散养的或野生的动物，最好用墙壁、栅栏、塑料网等进行隔离。

杀　　虫

在肉鸡场中，害虫的大量存在带来较大的危害。害虫可以直接传播疾病、污染环境。某些节肢动物，如鸡刺皮螨、鸡虱等，均是禽类常见的外寄生虫，既直接危害肉鸡，又可传播疫病；而另一些，如蚊、蝇常在疫病传播中起重要的媒介作用。

保持环境清洁、干燥是减少或杀灭蚊、蝇等昆虫的基本措施。具体的杀虫方法有多种，如物理性的、化学性的和生物学的等。物理方法主要是利用机械以及光、声、电等物理方法，捕杀、诱杀或驱逐蝇蚊。化学杀灭是使用天然或合成的毒物，以不同的剂型，通过不同途径，毒杀或驱逐昆虫。化学杀虫法具有使用方便、见效快等优点，是当前杀灭蚊、蝇等害虫的较好方法。生物学杀虫是利用天敌杀灭害虫，如池塘养鱼即可达到鱼类治蚊的目的。

灭 鼠 鼠的主要危害在于鼠是许多疾病的储存宿主，通过排泄物污染、机械携带及直接咬伤肉鸡的方式，可传播多种疾病。它们不但携带病菌，而且会到处打洞，可能还会咬坏电线、电缆等，偷吃饲料污染环境。要从肉鸡舍建筑和卫生措施方面着手，预防鼠类的滋生和活动，断绝鼠类生存所需的食物和藏身条件。

肉鸡场的内外地面最好用混凝土打造坚实，可有效防止老鼠打洞。要注意观察老鼠留下的痕迹和老鼠的粪便，有 80%的老鼠是经过门进入房内的，要注意及时关好门。做好卫生工作，将物品摆放整齐，少往场内带杂物，尤其是舍外墙边不能堆放杂物。食品、水、蔬菜等都要放在安全位置，最好架空物体，这样容易观察，不给老鼠留下容身之地。养禽场鼠害的控制应采取综合防治措施，如建筑物要有防护设施；发生鼠害时要采取有效的捕杀措施，包括应用器械、天敌、微生物、化学药品等的捕杀方法。

保持鸡舍四周清洁无杂物，定期喷洒杀虫剂消灭昆虫。在老鼠洞和其出没的地方投放毒鼠药消灭老鼠。定期清扫鸡粪，清出的鸡粪在发酵池内堆积发酵。

控制飞鸟 不少飞鸟对多种肉鸡传染病的病毒和细菌具有易感性，从而成为疾病的传染源；还有些飞鸟可以起机械传播病菌的作用；有些鸟类自身带有寄生虫。因此，对于飞鸟的控制是肉鸡场防止疫病的一项重要工作。

肉鸡场内最好不要栽种高大的树木，树木会招来鸟类的栖息，对其他的一些害虫也有庇护作用，可能会成为生物安全体系构建的威胁；对鸟类要做好防护措施，进出鸡舍时及时关门，进风口和水帘处用网子罩住，防止鸟类在里面做巢。鸟类进入鸡舍后可能会使鸡群受到惊吓而引起应激，应该尽快将其慢慢驱赶出舍。

5. 全进全出饲养制度

全进全出的概念 全进全出即指在一栋鸡舍内饲养同一批同一日龄的肉鸡，全部雏鸡都在同一条件下饲养，又在同一天出栏，出栏后进行鸡舍及其设备的全面消毒和空舍，切断疫病循环感染的途径。

全进全出的意义 (1) 便于防疫，减少交叉感染 由于饲养的肉鸡日龄相同，免疫一致，出口入口相同，且有一定的空栏期，可避免病原从大鸡传给小鸡，上一批鸡传给下一批鸡，交叉感染的机会大大减少。一旦发生某种传染病，可利用空栏期进行净化，所需时间较短。

(2) 便于规划鸡舍，降低投资成本 在不同区域内建造相对密集的鸡舍，会使饲养风险明显增大。如果将各鸡舍间距加大，投资成本又明显加大。所以可以集中到一个区域，统一规划鸡舍，合理利用土地资源，降低投入成本。

(3) 便于管理，提高效率 由于鸡群日龄相近，便于集中实施防疫计划、饲料运输、技术指导和销售，工作效率可大大提高。

全进全出应注意的问题 养殖小区内肉鸡品种的上市日龄最好相近，场区与场区间间距至少500米以上。一个养殖小区内若鸡舍太多，饲养量过大，会给生产的管理运作带来不便，一般一个小区一年上市不超过20万只鸡。

八、废弃物的无害化处理

目标

- 熟悉鸡粪无害化处理的方法、步骤及原理
- 了解污水无害化处理的标准方法、步骤及原理
- 掌握死鸡无害化处理的方法、步骤及原理
- 了解孵化场废弃物无害化处理的意义及办法

肉鸡养殖是农业生产的一个重要组成部分。然而在生产中，如果鸡场设置、规划不合理，或者在生产过程中的废弃物未经合理的处理，都会造成环境污染。它不仅危及肉鸡自身，还会污染鸡场周围环境。废弃物主要指粪、垫料、污水、病死鸡、有害气体及其不良气味等，其中以粪便及污水数量危害最为严重和直接。

1. 鸡粪的无害化处理

鸡粪的危害 鸡粪的化学成分随日粮种类、营养水平、环境、管理和季节而稍有变化。据测定，肉鸡粪中一般含氮 2.38%、磷 2.65%、钾 1.76%。如果养鸡场的鸡粪处置不当，鸡粪中未消化的有机物可分解产生氨、乙烯醇、硫化氢、甲烷、二甲胺等恶臭气体，危害饲养人员和周围居民的身体健康；鸡粪中的氮、磷、重金属元素以及残留药物等进入水

体、土壤，会造成饮用水和农田污染；鸡粪中还含有多种多样的微生物，其中有些可能是人畜、畜禽共患传染病的致病微生物，易造成疫病的暴发与流行。鸡粪处理主要方法有：干燥处理、堆肥处理、生产沼气等。

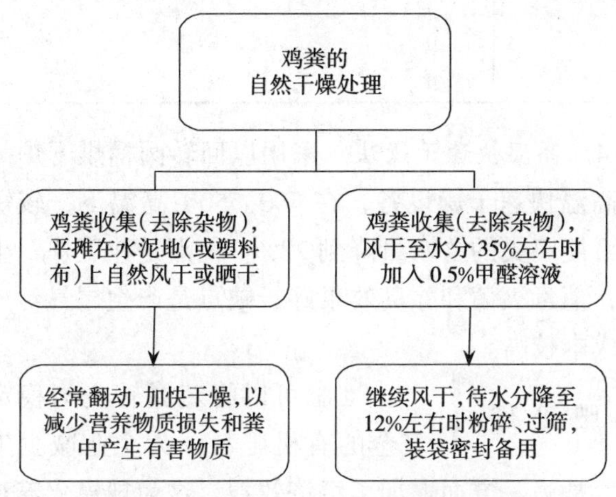

图 8-1　鸡粪自然干燥处理流程示意图

干燥处理

（1）*自然干燥处理*　本方法是利用太阳能、风能等自然能源对鸡粪进行无害化处理。鸡粪在自然状态下的处理过程见图 8-1。

（2）*塑料大棚干燥法*　采用塑料大棚中形成的“温室效应”。充分利用太阳能对鸡粪做干燥处理。专用的塑料大棚长度一般 60~90 米。在夏季，只需 1 周即可把鸡粪的含水量降到 10%左右。本法的优点是简便易行，成本低，容易推广，尤其适合于雨量较少，气候干燥、阳光充足的地区；缺点是占地面积大、灭菌效果差，养分损失较多。

（3）*机械干燥处理*　利用烘干机械设备进行干燥，多用电源、煤气加热加温，根据不同的温度采用不同的处理时间（表 8-1）处理后即可作饲料或肥料。此法需要一定的设备及技术条件，适用于大型集约化饲养场或饲料加工厂。

表 8-1　机械干燥处理的不同温度及相应时间

处理温度（℃）	处理时间（小时）
70	12
140	1
180	0.5

(4) 高温快速干燥法　采用以回转圆桶烘干炉为代表的高温快速干燥设备，在 500~550℃高温下，较短时间内可使鸡粪的含水量降到 13%。优点是速度快，生产量大，消毒灭菌和除臭效果好；缺点是产生尾气污染环境，成本较高。

堆肥处理

堆肥可以将鸡粪转变为稳定而安全的有机肥料，为企业减少生产成本，从另一方面增加了经济效益。这为规模化养鸡场对鸡粪的处理提供了一个很好的途径。

(1) 厌氧型堆肥　厌氧堆肥是将鸡粪和作物秸秆等堆肥原料，堆积成正方体、长方体或圆锥体等形状的粪堆，表面用塑料膜或泥浆密封严实，利用厌氧微生物完成分解反应。优点是无需通气、翻堆，无耗能，空气与堆肥相隔绝，温度低，工艺简单，产品中氮保存量比较多。缺点是堆制周期长，占地面积大，最终产物含水率高，异味浓烈，产品中含有分解不充分的杂质。

(2) 好氧型堆肥　好氧堆肥是通过有氧发酵产生高温，杀死病原微生物和寄生虫卵，并降解其中有机质生成腐殖质、微生物和有机残渣的过程。优点是发酵周期短，无害化程度高，卫生条件好，易于操作，产生的堆肥基本无臭味、肥效持久，是改善土壤结构、维持土地质量的优质有机肥。缺点是消耗劳力多，基建投资大。好氧堆肥的主要方法有条垛式堆肥和发酵仓堆肥。

①条垛式堆肥：在露天或棚架下，将鸡粪、作物秸秆等堆肥物料堆成条垛状，采取翻堆、设置通风管道等方式充入空气，保证好氧菌对氧气的需要，促使有机物发酵、腐熟。

②发酵仓式堆肥：将鸡粪等堆肥物料布置于部分或全封闭的发酵容器内，向容器通风，控制容器中的水分和温度，利于生物降解和转化，进料、出料连续进行。

影响好氧型堆肥发酵的因素有：一是含水量，控制在45%~65%为宜；二是碳氮比，一般要求25~35：1；三是供氧量，堆体中含氧量应保持在8%~18%之间；四是温度，控制在50~60℃；五是要求pH在7~9之间。

生产沼气

建立中小型发酵池生产沼气（图8–2），可以解决冲水鸡粪不易处理的弊端，而且生成的沼气除可用于照明、生活取暖等，有条件的还可发电，沼渣沼液还可制造成有机肥。

图8–2　建设中的沼气池

沼气生成的主要条件有：保持无氧状态；原料的碳氮比为25：1；34~36℃发酵；池液适宜的pH在6.5~7.5；选用其他粪便作为启动原料时需事先在池外堆沤5~10天。

青贮料生产

(1) 青贮工艺　鸡粪青贮是一个自行完成的过程，是最简单、最经济的一种方法，安全可靠，不仅能防止粗蛋白的过多损失，还可杀死大部分有害微生物。只要保持厌氧条件便可长时间保存。其制作工艺如图 8-3。

①示意图说明：第一步中鸡粪：甲酸：甲醛，三者以比例 1 000：3：5 将其混匀，起到防止腐败保存蛋白质、杀灭病原菌的作用；第二步中必须调整水分含量到 40%~65%。新鲜湿鸡粪加入 10% 麸皮，其含水量即可达到 60%左右的要求。

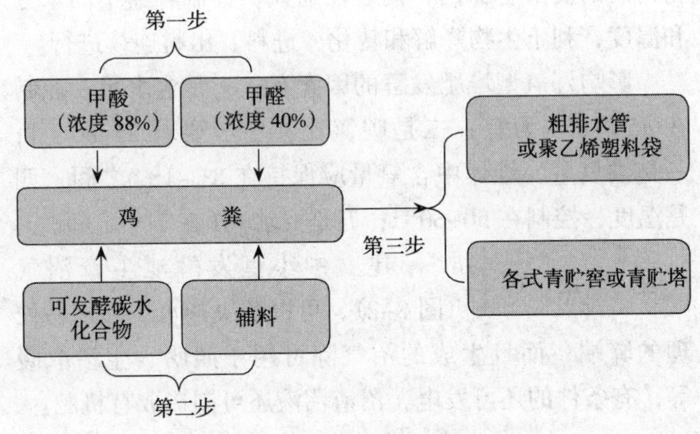

图 8-3　青贮料生产流程示意图①

(2) 辅料要求　其中加入的辅料一般根据适用对象或者目的用途的需要而定，见表 8-2。

表 8-2　不同饲喂对象的辅料要求

饲喂对象	要　求	例　子
单胃动物	低纤维、高能量	谷物粉、块根块茎
反刍动物	不要求	草粉、作物秸秆

(3) 青贮设施　分为青贮塔、青贮窖、青贮袋、青贮堆等（图 8-4），本节重点介绍常用的两种。

①青贮窖：可建成地下式，也可建成半地下式。地下式青贮窖适合于地下水位较低、土质较好的地区，半地下式青贮窖适用于地下水位较高或土质较差的地区。有条件的可建成永久性窖，窖四周用砖石砌成，三合土

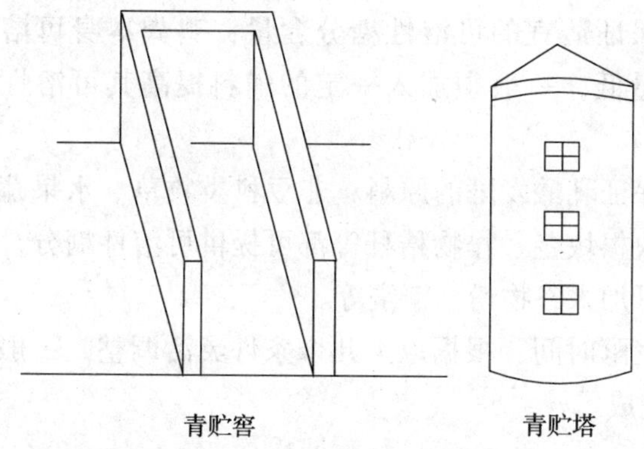

图 8-4 不同形状的青贮设施

或水泥抹面，坚固耐用，内壁光滑，不透气，不漏水。长形青贮窖窖底应有一定坡度，以利于取用完的部分余水流出。宽深之比为 1：1.5~2.0，长度根据鸡的数量和饲料多少而定。

②青贮塔：这是一种在地面上修造的圆筒体，一般用砖和混凝土修建而成，长久耐用，青贮效果好，便于机械化装料与卸料，可以充分承受压力并适于填料。青贮塔是永久性的建筑物，其建造必须坚固，虽然最初成本比较昂贵，但持久耐用，青贮损失少。青贮塔的高度应不小于其直径的 2 倍，不大于直径的 3.5 倍，一般塔高 12~14 米，直径 3.5~6.0 米。在塔身一侧每隔 2 米高开一个 0.6 米 × 0.6 米的窗口，装时关闭，取空时敞开。

(4) 青贮注意事项

①水分控制：水分含量以 40%~65%为宜。含水量过高则发酵鸡粪发黏，且酸味过大，适口性差；含水量过低，空气难以排尽，发酵不能有效进行，质量差。

②创造厌氧环境：填装原料时一定要快装并压紧封严，特别是角落和边缘部分，空气一旦进入就不能进行乳酸菌发酵，会引起发霉变质，青贮即失败。

③保证适宜的可溶性糖分含量：鸡粪本身可溶性糖分含量低，一般须加入一定的辅料提高其可溶性糖分含量。

④保证乳酸发酵的原料：非豆科类牧草、水果蔬菜废料、块根块茎、作物秸秆等都可提供可溶性糖分，有条件的可加入谷物粉、糖蜜等。

⑤发酵时间：根据以上几个条件灵活调整，一般在4~6周完成。

2. 污水的无害化处理

养鸡场的污水主要来源于清粪后冲洗鸡舍，刷洗水槽和食槽的废水，其次是职工的生活污水。本节主要介绍肉鸡养殖过程中产生污水的处理方法。

污水排放标准 在修建鸡场时应注意污水排放系统必须与雨水排泄系统分开，未经无害化处理的污水不准任意排放，养殖的污水排放标准应达到GB 18596—2001（附录二）的规定。

污水处理方法 （1）好氧生物处理 如果水体中存在有机物质，生化需氧量①便会增加，使水中的溶解氧被消耗。因此，可以将溶解氧量作为一个间接测定水被有机物污染程度的指标。溶解氧含量愈高，水质愈清洁。因此，控制水体中有机物质的含量是污水处理的一个重点。处理方法主要有活性污泥法、生物膜法等。

①生化需氧量(BOD)：它是污染在水中的有机物在好氧性微生物作用下被进行生物学分解时所需要消耗的氧量，故也称为生物氧需要量。

①活性污泥法：处理过程见图8-5。以污水中有机污染物作为培养基，在有氧条件下培养各种微生物群体以形成充满微生物的絮状物——活性污泥，通过凝聚、吸附、氧化、分解、沉淀等过程去除废水中的污染物。

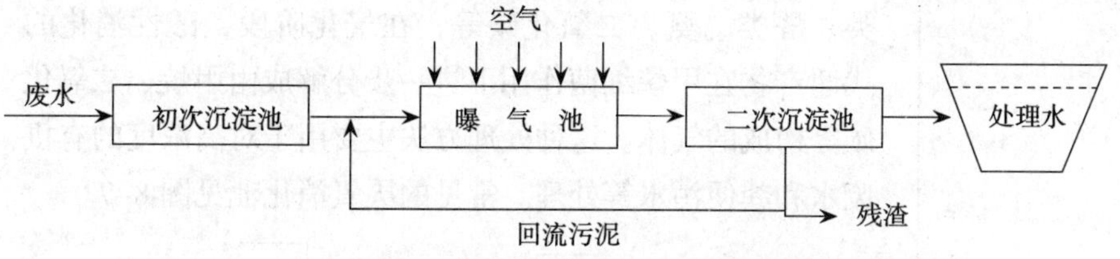

图 8-5 活性污泥法处理废水流程示意图

②生物膜法：利用生物滤池、生物转盘等设备，使废水通过生物膜，在生物氧化作用下达到一定程度的净化。该处理方法处理能力大、净化功能好、耐冲击负荷而且没有污泥膨胀问题。

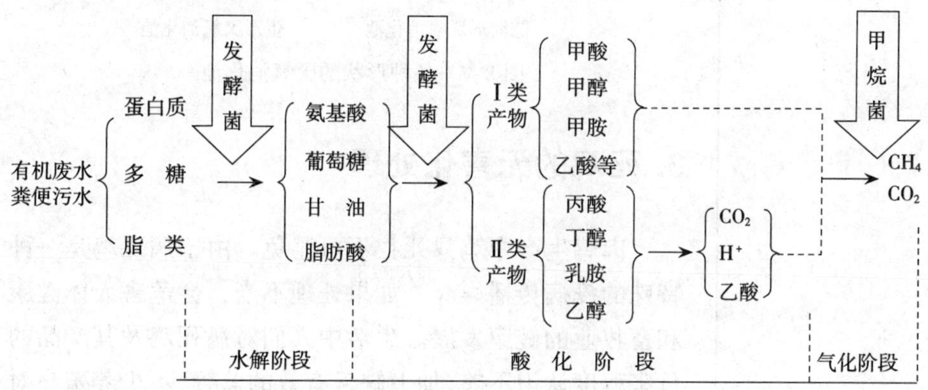

图 8-6 厌氧生物法处理废水流程示意图

(2) 厌氧生物处理 处理过程见图 8-6。该方法利用兼性厌氧菌和专性厌氧菌将污水中大分子有机物降解为低分子化合物，转化为甲烷、二氧化碳。分为三个阶段：水解阶段、酸化阶段和气化阶段。水解阶段，高分子有机物在第一阶段被细菌胞酶分解为小分子。例如，纤维素被纤维素酶水解为纤维二糖与葡萄糖，淀粉被淀粉酶分解为麦芽糖和葡萄糖，蛋白质被蛋白酶水解为短肽与氨基酸等。这些小分子的水解产物能够溶解于水并透过细胞膜为细菌所利用；酸性消化阶段，在产酸菌分泌的外酶作用下，大分子有机物变成简单的有机酸和醇类、醛类、氨、二氧化碳等；在气化阶段，酸性消化的代谢产物在甲烷细菌作用下进一步分解成由甲烷、二氧化碳等构成的气体。这种处理方法主要用于对高浓度的有机废水和粪便污水等处理。常见的厌氧消化池见图 8–7。

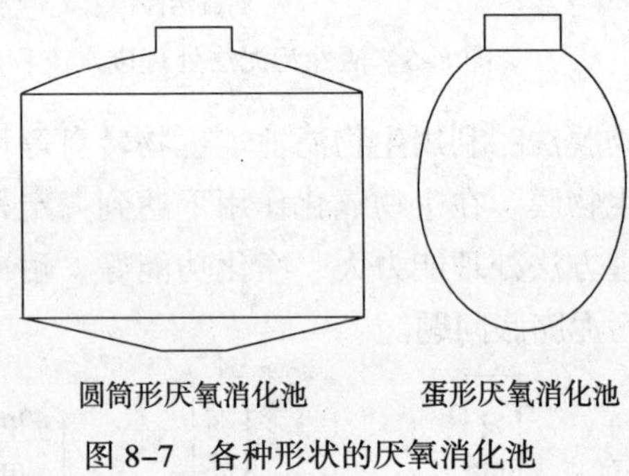

图 8–7　各种形状的厌氧消化池

3. 死鸡的无害化处理

肉鸡生产中鸡只死亡不可避免。由于病死鸡是一种特殊的疫病传播媒介，如果处理不当，会危害人体健康和畜牧业的健康发展。生活中人们对病死鸡及其产品的危害程度认识不够，加上缺乏有效的监管，不少养殖户对病死鸡的处理是很随意的，这为一些不法之徒非法牟利提供了温床，利用病死鸡制造食品危害人民的健康，影响社会的稳定，间接损害养殖户的利益。因此，对病死家禽一定要做到无害化处理。

挖坑深埋　该法是处理死鸡常用的方法。选择远离水源、河流、住宅且地势高的地方，根据鸡饲养量决定坑的大小、深度。对土质松软易塌陷的地方，坑内壁要用石块或砖加混凝土砌好，防止尸体腐败分解后变成液体渗入地下，最后土层要夯实。最好是用反向铲挖一个深而窄的沟，把每天收集到的死鸡投放进去，然后洒入石灰或者其他消毒剂覆盖，待装满后覆盖夯实土层。使用该法时，注意要密封好。

焚　烧　焚烧是消灭病原微生物的可靠方法，市场上有许多处理尸体的焚烧炉出售，也可以自建简易焚烧炉进行焚烧（图 8-8）。使用自制焚烧炉是要采取相应措施烧透病死鸡，以彻底消灭病原微生物。

动物尸体焚烧炉

自建简易焚烧炉

图 8-8　不同焚烧装置

化制分解法　碱解化制是化制分解法的一种，使用强碱性溶剂（pH≥14）溶解生物组织，并利用罐中高温高压（温度≥140℃，压力≥700 千帕）加速反应进行。此法能消灭所有病原体，包括朊病毒；最终将生物组织以及病原微生物转化为具有小肽、氨基酸、糖类和脂肪酸盐等物质的无菌水溶液。再经污水处理站，达标后排入污水管道，骨渣等残留物经漂洗处理后可进行掩埋或制成肥料。

电热化粪池　大型养鸡场可采用此法，将死鸡投放到可加热的电化粪池内，加热到 37.8℃，消化除骨头以外的尸体。如定期用石灰中和并加以热水，可进一步加快其作用和分解过程。

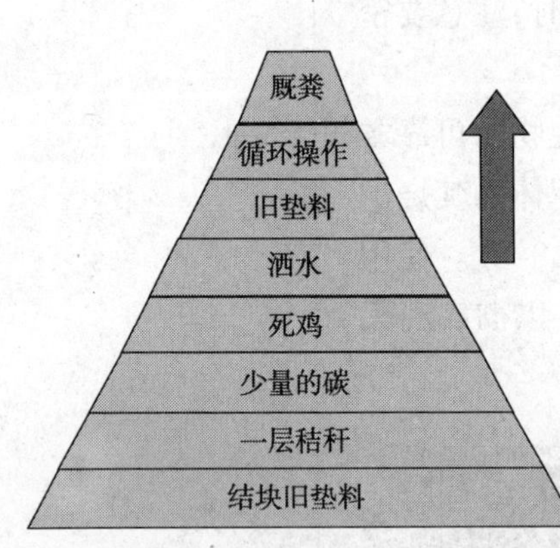

图 8-9　堆制处理示意图

堆制处理　利用需氧菌、嗜热细菌成批处理死鸡。将每天的死鸡与旧的垫料、秸秆和水按顺序、比例(按重量计为 1∶2∶0.1∶0.125)分层次地铺设于窖中，利用生物学方法将死鸡转化为无臭的类似腐殖质的物质，用作土壤改良剂和植物的营养源。具体做法如图 8–9 所示。

4. 孵化场废弃物的无害化处理

鸡场孵化过程是养鸡生产的重要环节，孵化质量的优劣直接影响到养鸡生产和企业效益。孵化场的卫生管理在强调消毒的基础上，还要注意对废弃物进行迅速有效的处理，防止它们成为微生物的繁殖场所，比如孵化场内的碎蛋壳、无精蛋以及死胚蛋（血蛋、毛蛋）等。

焚烧处理　收集的废弃物应装在固定容器内密封运送，按顺流不可逆转的原则，在各室废弃物出口装车。将废弃物运送到固定场所后立即进行焚烧，然后灰烬采取深埋处理。

再利用　无精蛋和死胚蛋可以食用或者用于食品加工，也可以将其高温消毒，经干燥处理后制成粉状饲料加以利用。蛋壳中含钙 24%~37%，粗蛋白约 12%。因此，蛋壳是一种良好的钙源，可作为钙添加剂用于配制饲料。例如，可将蛋壳清洗后煮沸消毒半小时，捞出后 132℃下烘干，粉碎后装袋备用。需要注意的是，切不可将此加工料用作家禽饲料，以防消毒不彻底，导致疾病传播。

附　录

附录一　无公害食品　畜禽饮用水水质(NY 5027—2008)

1　范围

本标准规定了生产无公害畜禽产品过程中畜禽饮用水水质的要求、检测方法。

本标准适用于生产无公害食品的畜禽饮用水水质的要求。

2　规范性引用文件

下列文件中的条款通过本标准的引用而成为本标准的条款。凡是注日期的引用文件，其随后所有的修改单（不包括勘误的内容）或修改版本均不适用于本标准，然而，鼓励根据本标准达成协议的各方研究是否可使用这些文件的最新版本。凡是不注日期的引用文件，其最新版本适用于本标准。

GB/T 5750.2　生活饮用水标准检验方法　水样的采集与保存

GB/T 5750.4　生活饮用水标准检验方法　感官性状和物理指标

GB/T 5750.5　生活饮用水标准检验方法　无机非金属指标

GB/T 5750.6　生活饮用水标准检验方法　金属指标

GB/T 5750.12　生活饮用水标准检验方法　微生物指标

3 要求

畜禽饮用水水质应符合附表1的规定。

附表1 畜禽饮用水水质安全指标

项目		标准值	
		畜	禽
感官性状及一般化学指标	色	≤30°	
	浑浊度	≤20°	
	臭和味	不得有异臭、异味	
	总硬度（以 $CaCO_3$ 计），mg/L	≤1 500	
	pH	5.5～9	6.4～8.0
	溶解性总固体，mg/L	≤4 000	≤2 000
	硫酸盐（以 SO_4^{2-} 计），mg/L	≤500	≤250
细菌学指标	总大肠菌群，MPN/100mL	成年畜100，幼畜和禽10	
毒理学指标	氟化物（以 F^- 计），mg/L	≤2.0	≤2.0
	氰化物，mg/L	≤0.2	≤0.05
	砷，mg/L	≤0.2	≤0.2
	汞，mg/L	≤0.01	≤0.001
	铅，mg/L	≤0.10	≤0.10
	铬（六价），mg/L	≤0.10	≤0.05
	镉，mg/L	≤0.05	≤0.01
	硝酸盐（以N计），mg/L	≤10.0	≤3.0

4 检验方法

4.1 色

按GB/T 5750.4规定执行。

4.2 浑浊度

按GB/T 5750.4规定执行。

4.3 臭和味

按GB/T 5750.4规定执行。

4.4　总硬度（以 $CaCO_3$ 计）

按 GB/T 5750.4 规定执行。

4.5　溶解性总固体

按 GB/T 5750.4 规定执行。

4.6　硫酸盐（以 SO_4^{2-} 计）

按 GB/T 5750.5 规定执行。

4.7　总大肠菌群

按 GB/T 5750.12 规定执行。

4.8　pH

按 GB/T 5750.4 规定执行。

4.9　铬（六价）

按 GB/T 5750.6 规定执行。

4.10　汞

按 GB/T 5750.6 规定执行。

4.11　铅

按 GB/T 5750.6 规定执行。

4.12　镉

按 GB/T 5750.6 规定执行。

4.13　硝酸盐

按 GB/T 5750.6 规定执行。

4.14　氟化物（以 F^- 计）

按 GB/T 5750.5 规定执行。

4.15　砷

按 GB/T 5750.5 规定执行。

4.16　氰化物

按 GB/T 5750.5 规定执行。

5　检验规则

5.1　水样的采集与保存

按 GB 5750.2 规定执行。

5.2　型式检验

型式检验应检验技术要求中全部项目。在下列情况之一时应进行型式检验：

a）申请无公害农产品认证和进行无公害农产品年度抽查检验；

b）更换设备或长期停产再恢复生产时。

5.3　判定规则

5.3.1　全部检验项目均符合本标准时，判为合格；否则，判为不合格。

5.3.2　对检验结果有争议时，应对留存样品进行复检。对不合格项复检，以复检结果为准。

附录二 畜禽养殖业污染物排放标准（GB 18596—2001）

为贯彻《环境保护法》、《水污染防治法》、《大气污染防治法》，控制畜禽养殖业产生的废水、废渣和恶臭对环境的污染，促进养殖业生产工艺和技术进步，维护生态平衡，制定本标准。

本标准适用于集约化、规模化的畜禽养殖场和养殖区，不适用于畜禽散养户。根据养殖规模，分阶段逐步控制，鼓励种养结合和生态养殖，逐步实现全国养殖业的合理布局。

根据畜禽养殖业污染物排放的特点，本标准规定的污染物控制项目包括生化指标、卫生学指标和感观指标等。为推动畜禽养殖业污染物的减量化、无害化和资源化，促进畜禽养殖业干清粪工艺的发展，减少水资源浪费，本标准规定了废渣无害化环境标准。

本标准为首次制定。

本标准由国家环境保护总局科技标准司提出。

本标准由农业部环保所负责起草。

本标准由国家环境保护总局 2001 年 11 月 26 日批准。

本标准由国家环境保护总局负责解释。

1 主题内容与适用范围

1.1 主题内容

本标准按集约化畜禽养殖业的不同规模分别规定了水污染物、恶臭气体的最高允许日均排放浓度、最高允许排水量，畜禽养殖业废渣无害化环境标准。

1.2 适用范围

本标准适用于全国集约化畜禽养殖场和养殖区污染物的排放管理，以及这些建设项目环境影响评价、环境保护设施设计、竣工验收及其投产后的排放管理。

1.2.1 本标准适用的畜禽养殖场和养殖区的规模分级，按附表 1 和附表 2 执行。

附表 1　集约化畜禽养殖场的适用规模（以存栏数计）

类别 规模分级	猪（头） （25kg 以上）	鸡（只）		牛（头）	
		蛋鸡	肉鸡	成年奶牛	肉牛
Ⅰ级	≥3 000	≥100 000	≥200 000	≥200	≥400
Ⅱ级	500≤Q<3 000	15 000≤Q<100 000	30 000≤Q<200 000	100≤Q<200	200≤Q<400

附表 2　集约化畜禽养殖区的适用规模（以存栏数计）

类别 规模分级	猪（头） （25kg 以上）	鸡（只）		牛（头）	
		蛋鸡	肉鸡	成年奶牛	肉牛
Ⅰ级	≥6 000	≥200 000	≥400 000	≥400	≥800
Ⅱ级	3 000≤Q<6 000	100 000≤Q<200 000	200 000≤Q<400 000	200≤Q<400	400≤Q<800

注：Q 表示养殖量。

1.2.2　对具有不同畜禽种类的养殖场和养殖区，其规模可将鸡、牛的养殖量换算成猪的养殖量，换算比例为：30 只蛋鸡折算成 1 头猪，60 只肉鸡折算成 1 头猪，1 头奶牛折算成 10 头猪，1 头肉牛折算成 5 头猪。

1.2.3　所有Ⅰ级规模范围内的集约化畜禽养殖场和养殖区，以及Ⅱ级规模范围内且地处国家环境保护重点城市、重点流域和污染严重河网地区的集约化畜禽养殖场和养殖区，自本标准实施之日起开始执行。

1.2.4　其他地区Ⅱ级规模范围内的集约化养殖场和养殖区，实施标准的具体时间可由县级以上人民政府环境保护行政主管部门确定，但不得迟于 2004 年 7 月 1 日。

1.2.5　对集约化养羊场和养羊区，将羊的养殖量换算成猪的养殖量，换算比例为：3 只羊换算成 1 头猪，根据换算后的养殖量确定养羊场或养羊区的规模级别，并参照本标准的规定执行。

2　定义

2.1　集约化畜禽养殖场

指进行集约化经营的畜禽养殖场。集约化养殖是指在较小的场地内，投入较多的生产资料和劳动，采用新的工艺与技术措施，进行精心管理的饲养方式。

2.2　集约化畜禽养殖区

指距居民区一定距离，经过行政区划确定的多个畜禽养殖个体生产集中的区域。

2.3　废渣

指养殖场外排的畜禽粪便、畜禽舍垫料、废饲料及散落的毛羽等固体废物。

2.4　恶臭污染物

指一切刺激嗅觉器官，引起人们不愉快及损害生活环境的气体物质。

2.5　臭气浓度

指恶臭气体（包括异味）用无臭空气进行稀释，稀释到刚好无臭时所需的稀释倍数。

2.6　最高允许排水量

指在畜禽养殖过程中直接用于生产的水的最高允许排放量。

3　技术内容

本标准按水污染物、废渣和恶臭气体的排放分为以下三部分。

3.1　畜禽养殖业水污染物排放标准

3.1.1　畜禽养殖业废水不得排入敏感水域和有特殊功能的水域。排放去向应符合国家和地方的有关规定。

3.1.2　标准适用规模范围内的畜禽养殖业的水污染物排放分别执行附表3、附表4和附表5的规定。

附表3　集约化畜禽养殖业水冲工艺最高允许排水量

种类	猪［m^3/（百头·天）］		鸡［m^3/（千只·天）］		牛［m^3/（百头·天）］	
季节	冬季	夏季	冬季	夏季	冬季	夏季
标准值	2.5	3.5	0.8	1.2	20	30

注：废水最高允许排放量的单位中，百头、千只均指存栏数。春、秋季废水最高允许排放量按冬、夏两季的平均值计算。

附表4　集约化畜禽养殖业干清粪工艺最高允许排水量

种类	猪［m^3/（百头·天）］		鸡［m^3/（千只·天）］		牛［m^3/（百头·天）］	
季节	冬季	夏季	冬季	夏季	冬季	夏季
标准值	1.2	1.8	0.5	0.7	17	20

注：废水最高允许排放量的单位中，百头、千只均指存栏数。春、秋季废水最高允许排放量按冬、夏两季的平均值计算。

附表 5　集约化畜禽养殖业水污染物最高允许日均排放浓度

控制项目	五日生化需氧量(mg/L)	化学需氧量(mg/L)	悬浮物(mg/L)	氨氮(mg/L)	总磷(以 P 计)(mg/L)	粪大肠菌群数(个/mL)	蛔虫卵(个/L)
标准值	150	400	200	80	8.0	10 000	2.0

3.2　畜禽养殖业废渣无害化环境标准

3.2.1　畜禽养殖业必须设置废渣的固定储存设施和场所，储存场所要有防止粪液渗漏、溢流措施。

3.2.2　用于直接还田的畜禽粪便，必须进行无害化处理。

3.2.3　禁止直接将废渣倾倒入地表水体或其他环境中。畜禽粪便还田时，不能超过当地的最大农田负荷量，避免造成面源污染和地下水污染。

3.2.4　经无害化处理后的废渣，应符合附表 6 的规定。

附表 6　畜禽养殖业废渣无害化环境标准

控制项目	指　标
蛔虫卵	死亡率≥95%
粪大肠菌群数	≤10^5个/kg

3.3　畜禽养殖业恶臭污染物排放标准

3.3.1　集约化畜禽养殖业恶臭污染物的排放执行附表 7 的规定。

附表 7　集约化畜禽养殖业恶臭污染物排放标准

控制项目	标准值
臭气浓度（无量纲）	70

3.4　畜禽养殖业应积极通过废水和粪便的还田或其他措施对所排放的污染物进行综合利用，实现污染物的资源化。

4　监测

污染物项目监测的采样点和采样频率应符合国家环境监测技术规范的要求。污染物项目的监测方法按附表 8 执行。

附表 8 畜禽养殖业污染物排放配套监测方法

序号	项 目	监测方法	方法来源
1	生化需氧（BDD_5）	稀释与接种法	GB 7488—1987
2	化学需氧（COD_{cr}）	重铬酸钾法	GB 11914—1989
3	悬浮物（SS）	重量法	GB 11901—1989
4	氨氮（NH_3-N）	钠氏试剂比色法 水杨酸分光光度法	GB 7479—1987 GB 7481—1987
5	总 P（以 P 计）	钼蓝比色法	(1)
6	粪大肠菌群数	多管发酵法	GB 5750—1985
7	蛔虫卵	吐温-80 柠檬酸缓冲液离心沉淀集卵法	(2)
8	蛔虫卵死亡率	堆肥蛔虫卵检查法	GB 7959—1987
9	寄生虫卵沉降率	粪稀蛔虫卵检查法	GB 7959—1987
10	臭气浓度	三点式比较臭袋法	GB 14675

注：分析方法中，未列出国标的暂时采用下列方法，待国家标准方法颁布后执行国家标准。

(1) 水和废水监测分析方法，中国环境科学出版社，1989。

(2) 卫生防疫检验，上海科学技术出版社，1964。

5 标准的实施

5.1 本标准由县级以上人民政府环境保护行政主管部门实施统一监督管理。

5.2 省、自治区、直辖市人民政府可根据地方环境和经济发展的需要，确定严于本标准的集约化畜禽养殖业适用规模，或制定更为严格的地方畜禽养殖业污染物排放标准，并报国务院环境保护行政主管部门备案。

附录三　肉鸡常见疾病诊断

主要症状与病变	应考虑的疾病
呼吸困难与流鼻液	鸡新城疫、禽霍乱、鸡传染性鼻炎、鸡传染性喉气管炎、鸡传染性支气管炎、禽慢性呼吸道病、鸟疫
下痢	鸡白痢、禽伤寒、禽副伤寒、大肠杆菌病、鸡传染性腔上囊病、鸡新城疫、鸡球虫病、禽组织滴虫病、禽弯杆菌性肝炎、钩端螺旋体病、鸟疫
神经症状与运动障碍	鸡传染性脑脊髓炎、鸡新城疫、鸡马立克氏病、葡萄球菌病、鸡传染性滑膜炎、鸡病毒性关节炎、禽霍乱
关节炎	葡萄球菌病、鸡传染性滑膜炎、鸡病毒性关节炎
眼部病变与头面部肿大	大肠杆菌病、鸟疫、鸡马立克氏病、禽慢性呼吸道病、鸡传染性鼻炎、鸡传染性喉气管炎
贫血与消瘦	结核病、禽弯杆菌性肝炎、钩端螺旋体病、鸡白痢、禽伤寒、禽副伤寒、大肠杆菌病、禽淋巴白血病、鸡球虫病、鸡传染性腔上囊病、鸡传染性滑膜炎
出血性素质	鸡新城疫、鸡传染性腔上囊病
腺胃出血与坏死	鸡新城疫、鸡传染性腔上囊病、呋喃唑酮中毒
腹膜炎	鸡白痢、禽伤寒、禽副伤寒、大肠杆菌病、鸡传染性支气管炎（卵黄性腹膜炎）
口炎与咽炎	鹅口疮、痘白喉
喉炎与气管炎	鸡传染性喉气管炎、禽慢性呼吸道病、痘白喉、鸡传染性支气管炎
肺炎	禽霍乱、曲霉菌病、禽慢性呼吸道病、鸡白痢、禽伪结核病、鸟疫
气囊炎	鸡传染性支气管炎、曲霉菌病、禽慢性呼吸道病、大肠杆菌病、鸟疫
心肌炎、心外膜炎与心包炎	鸡白痢、禽伤寒、禽副伤寒、大肠杆菌病、禽霍乱、鸟疫、鸡病毒性关节炎
肠炎	鸡新城疫、禽霍乱、禽组织滴虫病、鸡球虫病、鸡白痢、禽伤寒、禽副伤寒、结核病、伪结核病、大肠杆菌病、鸡传染性腔上囊病
肝炎与肝结节状病变	禽霍乱、禽伤寒、禽副伤寒、鸡白痢、禽组织滴虫病、禽弯杆菌性肝炎、钩端螺旋体病、大肠杆菌病、结核病、伪结核病、鸡马立克氏病、禽淋巴白血病、鸟疫
肾炎与肾病	鸡传染性支气管炎、禽伤寒、伪结核病、鸡传染性腔上囊病
卵巢炎	鸡白痢、禽霍乱、鸡传染性支气管炎、禽伤寒、禽副伤寒
脾炎与脾结节状病变	鸡新城疫、钩端螺旋体病、鸡白痢、禽伤寒、禽副伤寒、结核病、伪结核病、禽淋巴白血病、鸡马立克氏病、鸟疫

（续）

主要症状与病变	应考虑的疾病
腔上囊炎与腔上囊增大	鸡传染性腔上囊病、禽淋巴白血病
非化脓性脑炎	鸡新城疫、鸡传染性脑脊髓炎、鸡马立克氏病
外周神经增粗	鸡马立克氏病

附录四　肉鸡常用药物剂量和停药期

药物名称	主治疾病	剂量及使用方法	停药期
青霉素	链球菌病、葡萄球菌病、禽霍乱、球虫病等	口服每只2000单位，肌内注射每千克体重5万单位，一日2次	0天
链霉素	结核杆菌病、禽霍乱、鸡白痢、鸡伤寒、大肠杆菌病	每千克体重肌内注射50～200毫克，一日2次	4天
硫酸新霉素	禽霍乱、鸡白痢、鸡伤寒、大肠杆菌病、鸡传染性鼻炎	由于本品毒性大，一般不主张注射给药。鸡可按35～70毫克/千克混饮给药或按70～140毫克/千克混饲给药	3天
硫酸卡那霉素	大肠杆菌病、鸡白痢、鸡伤寒、禽霍乱、葡萄球菌病、链球菌病	可按30～120毫克/千克混饮给药，每千克体重一次10～30毫克，1日2次进行肌内注射	14天
硫酸庆大霉素	大肠杆菌病、鸡白痢、结核杆菌病、支原体病、葡萄球菌病、绿脓杆菌病	鸡饮水量每天每只7000单位。每千克体重肌内注射2毫克，1日2次	14天
四环素	副伤寒、鸡白痢、衣原体病、支原体病等	鸡拌入饲料中，浓度为0.04%	5天
土霉素	同四环素	鸡拌入饲料中，浓度为0.2%	肉种鸡禁用，宰前7天停药
金霉素	同土霉素	内服剂量同土霉素	不用于肉种鸡，宰前48小时停药
洁霉素（林可霉素）	支原体病、传染性鼻炎	皮下注射量鸡每千克体重（颈部皮下）30毫克，1天1次，连用3天	
红霉素	与青霉素相似，对禽霍乱、布鲁氏菌病、鸡支原体病、立克次氏体病等有效	禽日用量：每千克体重10毫克，分2次内服，或按100毫克/千克混饮给药，连用3～5天，混饲浓度为20～50毫克/千克；连用5天。每千克体重肌内注射10～30毫克，1日2次	2天

（续）

药物名称	主治疾病	剂量及使用方法	停药期
泰乐菌素	支原体病、葡萄球菌病、链球菌病、绿脓杆菌病、螺旋体病等有抑制作用，对支原体病有特效	添加剂饲料中的浓度为10～500毫克/千克。防治鸡支原体病时，对8周龄以上的鸡，每千克体重皮下注射25毫克，1日1次。但应注意每次用量不宜起超过62.5毫克，8周龄以下的鸡以内服为好	宰前5天停药
莫能菌素	对金黄色葡萄球菌病、链球菌病、枯草杆菌病、球虫病有效	雏鸡拌料77～120毫克/千克，火鸡雏60～100毫克/千克；肉鸡125毫克/千克	肉种鸡不能使用，肉鸡5天停药
盐霉素	同莫能菌素	雏鸡60～70毫克/千克混饲给药	5天
制霉菌素	对白色念珠菌病、球孢子菌病、鹅口疮、烟曲霉菌等真菌感染有效	家禽每千克饲料中添加50万～100万单位，连用1～3周。雏鸡每100只1次量为50万～100万单位，1天2次，连用3天	0天
痢菌净	对禽霍乱、鸡白痢有效	肌内注射或内服剂量：内服每千克体重2.55毫克或每千克体重2.5毫克肌内注射、1天2次，连用3天	14天
氟哌酸	大肠杆菌病、鸡白痢、副伤寒、绿脓杆菌病、葡萄球菌病、支原体病	拌料浓度为0.04%	10天
恩诺沙星	大肠杆菌病、鸡白痢、副伤寒、绿脓杆菌病、葡萄球菌病、支原体病有效	拌料浓度为100毫克/千克	7天
氧氟沙星	同恩诺沙星	拌料浓度为100毫克/千克	5天
环丙沙星	对大肠杆菌病、鸡白痢、支原体病等有效	饮水浓度为75～150毫克/千克，拌料75毫克/千克	7天
克球多	球虫病	拌料0.006%为治疗量，使用8天。0.004%为预防量，雏鸡从15日龄始连续喂至60日龄	无停药期

（续）

药物名称	主治疾病	剂量及使用方法	停药期
氯苯胍	球虫病	拌料量为0.003 3%，连用3～5天	肉种鸡不能使用，上市前5天停药
磺胺嘧啶（SD）	大肠杆菌病、鸡白痢、结核杆菌病、支原体病、葡萄球菌病、绿脓杆菌病，也可用于弓形虫感染	每千克体重初次量0.2克，维持量0.1克，每次同服等量碳酸氢钠，混饲浓度为0.125%～0.25%	5天
磺胺二甲嘧啶（SM2）	大肠杆菌病、鸡白痢、结核杆菌病、支原体病、葡萄球菌病、绿脓杆菌病，螺旋体病都有效	家禽按0.1%浓度混入饲料中。混饮浓度0.1%～0.2%	6天
磺胺甲基异恶唑（SMZ）	主要用于慢性呼吸道病，如与TMP合用效果更好，主治禽霍乱，禽副伤寒，禽慢性呼吸道病	每千克体重0.07克，1天2次，深部肌内注射或拌料	10天
磺胺脒（SG）	内服吸收少，在肠内可保持较高浓度，用于肠炎、腹泻、球虫病	每千克体重0.1克，1天分2～3次内服	
增效磺胺（敌菌净）（DVD）	治疗球虫病、禽霍乱、鸡白痢等	拌料0.02%喂3～5天停止几天再喂病情严重时，可加大到3/5	5天

附录五　食品动物禁用的药物及化合物

兽药及其他化合物名称	禁止用途	禁用动物
β-兴奋剂类：克仑特罗 Clenbuterol、沙丁胺醇 Salbutamol、西马特罗 Cimaterol 及其盐、酯及制剂	所有用途	所有食品动物
性激素类：己烯雌酚 Diethylstilbestrol 及其盐、酯及制剂	所有用途	所有食品动物
具有雌激素样作用的物质：玉米赤霉醇 Zeranol、去甲雄三烯醇酮 Trenbolone、醋酸甲孕酮 Mengestrol，Acetate 及制剂	所有用途	所有食品动物
氯霉素 Chloramphenicol 及其盐、酯（包括：琥珀酰氯霉素 Chloramphenicol Succinate）及制剂	所有用途	所有食品动物
氨苯砜 Dapsone 及制剂	所有用途	所有食品动物
硝基呋喃类：呋喃唑酮 Furazolidone、呋喃它酮 Furaltadone、呋喃苯烯酸钠 Nifurstyrenate sodium 及制剂	所有用途	所有食品动物
硝基化合物：硝基酚钠 Sodium nitrophenolate、硝呋烯腙 Nitrovin 及制剂	所有用途	所有食品动物
催眠、镇静类：安眠酮 Methaqualone 及制剂	所有用途	所有食品动物
林丹（丙体六六六）Lindane	杀虫剂	水生食品动物
毒杀芬（氯化烯）Camahechlor	杀虫剂、清塘剂	水生食品动物
呋喃丹（克百威）Carbofuran	杀虫剂	水生食品动物
杀虫脒（克死螨）Chlordimeform	杀虫剂	水生食品动物
双甲脒 Amitraz	杀虫剂	水生食品动物
酒石酸锑钾 Antimonypotassiumtartrate	杀虫剂	水生食品动物
锥虫胂胺 Tryparsamide	杀虫剂	水生食品动物
孔雀石绿 Malachitegreen	抗菌、杀虫剂	水生食品动物
五氯酚酸钠 Pentachlorophenolsodium	杀螺剂	水生食品动物

（续）

兽药及其他化合物名称	禁止用途	禁用动物
各种汞制剂包括：氯化亚汞（甘汞）Calomel，硝酸亚汞 Mercurous nitrate、醋酸汞 Mercurous acetate、吡啶基醋酸汞 Pyridyl mercurous acetate	杀虫剂	动物
性激素类：甲基睾丸酮 Methyltestosterone、丙酸睾酮 Testosterone Propionate、苯丙酸诺龙 Nandrolone、Phenylpropionate、苯甲酸雌二醇 Estradiol Benzoate 及其盐、酯及制剂	促生长	所有食品动物
催眠、镇静类：氯丙嗪 Chlorpromazine、地西泮（安定）Diazepam 及其盐、酯及制剂	促生长	所有食品动物
硝基咪唑类：甲硝唑 Metronidazole、地美硝唑 Dimetronidazole 及其盐、酯及制剂	促生长	所有食品动物

注：食品动物是指各种供人食用或其产品供人食用的动物。

附录六　常见饲料原料成分及营养价值表
(节选自2006年第17版　中国饲料数据库)

饲料名称	干物质(%)	粗蛋白质(%)	鸡代谢能(兆焦/千克)	钙(%)	总磷(%)	非植酸磷(%)	赖氨酸(%)	蛋氨酸(%)
玉米	86.0	8.7	13.56	0.02	0.27	0.12	78	90
高粱	86.0	9.0	12.30	0.13	0.36	0.17	78	89
小麦	87.0	13.9	12.72	0.17	0.41	0.13	78	85
稻谷	86.0	7.8	11.00	0.03	0.36	0.20	64	82
次粉	88.0	15.4	12.76	0.08	0.48	0.14	85	88
小麦麸	87.0	15.7	6.82	0.11	0.92	0.24	93	93
米糠	87.0	12.8	11.21	0.07	1.43	0.10	58	65
大豆粕	89.0	44.2	10.00	0.33	0.62	0.21	87	88
棉籽粕	90.0	43.5	8.49	0.28	1.04	0.36	76	90
菜籽粕	88.0	38.6	7.41	0.65	1.02	0.35	79	95
鱼粉	90.0	62.5	12.18	3.96	3.05	3.05		
肉骨粉	93.0	50.0	9.96	9.20	4.70	4.70		
石粉				38.4				
磷酸氢钙				23.4	18.0			

主要参考文献

郭年丰，刘爱国，张军主编.2009.无公害肉鸡生产大全［M］.北京：中国农业出版社.

郭庆宏主编.2008.无公害肉鸡安全生产手册［M］.北京：中国农业出版社.

肖智远主编.2008.广东黄鸡三十年［M］.北京：中国农业出版社.

美国安伟捷育种公司.2008.爱拔益加父母代肉用种鸡饲养管理手册.

常泽军，杜顺丰，李鹤飞主编.2006.无公害农产品高效生产技术丛书 肉鸡［M］.北京：中国农业大学出版社.

黄仁录主编.2003.肉鸡标准化生产技术［M］.北京：中国农业大学出版社.

张敏红主编.2002.肉鸡无公害综合饲养技术［M］.北京：中国农业出版社.

杨山，李辉主编.2001.现代养鸡［M］.北京：中国农业出版社.

杨宁主编.1994.现代养鸡生产［M］.北京：北京农业大学出版社.

东北农学院主编.1990.家畜环境卫生学［M］.北京：中国农业出版社.

刘晨，许日龙主编.1992.实用禽病图谱［M］.北京：中国农业科技出版社.

陈理盾，李新正，靳双星主编.2009.禽病彩色图谱［M］.沈阳：辽宁科学技术出版社.

杨凤主编.2007.动物营养学［M］.北京：中国农业出版社.

彭喜斌主编.2007.饲料学［M］.北京：科学出版社.

逯岩，曹顶国，雷秋霞，等.2010.“817”肉鸡生产现状及存在的问题［J］.家禽科学（1）：4–6.

曹顶国，韩海霞，雷秋霞.2008.鲁禽 1 号麻鸡的选育研究［J］.畜牧与兽医（7）：45–49.

韩海霞，曹顶国，雷秋霞.2008.鲁禽 3 号麻鸡配套系的选育研究［J］.家畜生态学报（5）：28–32.

李桂明，韩海霞，雷秋霞，等.2008.数量限饲对肉鸡肉质的影响［J］.家禽科学（1）：46–48.

曹顶国，李淑青，韩海霞，等.2006.优质肉鸡的放牧饲养管理技术［J］.中国家禽（12）：26–29.

雷秋霞，李善立，杨艳.2005.鸡性成熟研究进展［J］.家禽科学（11）：45–46.

雷秋霞，吴洪涛.2002.畜禽低蛋白日粮的研究概况［J］.广东饲料（5）：26–27.

杨在宾，杨维仁，李淑青.1999.家禽维生素需要量及影响因素［J］.饲料与畜牧（2）：15–16.

图书在版编目（CIP）数据

轻轻松松学养肉鸡/曹顶国主编．—北京：中国农业出版社，2010.9
ISBN 978-7-109-14826-0

Ⅰ.①轻…　Ⅱ.①曹…　Ⅲ.①肉用鸡—饲养管理
Ⅳ.①S831.4

中国版本图书馆 CIP 数据核字（2010）第 143400 号

中国农业出版社出版
（北京市朝阳区农展馆北路 2 号）
（邮政编码 100125）
策划　黄向阳　宋维平
责任编辑　张玲玲

北京中科印刷有限公司印刷　新华书店北京发行所发行
2010 年 10 月第 1 版　2012 年 4 月北京第 2 次印刷

开本：720mm×960mm　1/16　　印张：10.75
字数：158 千字　　印数：6 001~9 000 册
定价：24.00 元
（凡本版图书出现印刷、装订错误，请向出版社发行部调换）